Hunde-Physiotherapie

Hunde-
Physiotherapie

Von Beate Warnat
und Dorothee Kühnau

CADMOS

Die Autorinnen und der Verlag weisen darauf hin, dass keine der beschriebenen Techniken eine Alternative zur notwendigen tierärztlichen Untersuchung und Behandlung darstellt. Bei Zweifeln hinsichtlich des Gesundheitszustandes Ihres Hundes verständigen Sie bitte zuerst einen Tierarzt.
Autorinnen und Verlag lehnen jegliche Schadensersatzforderung ab, die auf Unfällen, Verletzungen oder sonstigen Schäden gründen, die im Zusammenhang mit einer in diesem Buch beschriebenen Behandlung entstanden sind. Es wird für Ungenauigkeiten oder eventuelle Fehler keine Haftung übernommen.

IMPRESSUM

CADMOS im CADMOS Verlag

unveränderter Nachdruck 2022

Gestaltung und Satz: Ravenstein R2, Verden
Fotos: Dr. Gabriele Lehari
Druck: www.graspo.com

Deutsche Nationalbibliothek – CIP-Einheitsaufnahme
Die Deutsche Nationalbibliothek verzeichnet diese Publikation in der Deutschen Nationalbibliografie; detaillierte bibliografische Daten sind im Internet über http://dnb.ddb.de abrufbar.

Printed in EU

ISBN 978-3-8404-2059-7

Inhalt

Einleitung 9

Behandlungsmöglichkeiten 15

Massagen 15

Was passiert bei der Massage? . . 15
Massagehilfen 17
Streichung 18
Knetung 19
Zirkelung 19
Die entspannende Massage 19
Die anregende Massage 23

ABT: aktive Bewegungstherapie oder Trainingstherapie 24

Isometrie 25

Trainingsablauf 26

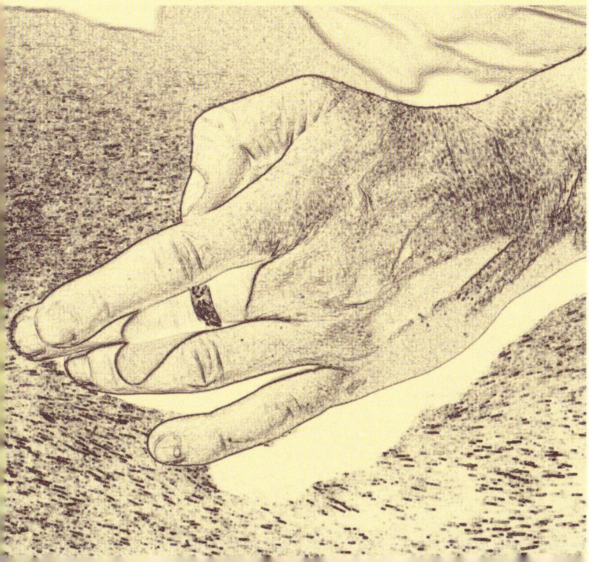

Erkrankungen und Therapie der Vorderhand 29

Behandlungsmöglichkeiten und Übungen für die Vorderhand 29

Gewichtsverlagerungen vorn – hinten 29
Gewichtsverlagerung seitlich 31
Pfoten anheben 33
Wackelbrett 34
Pfötchengeben 36
Platz-Sitz-Transfer 37
Platz-Steh-Transfer 37
Schubkarre fahren 39
Rückwärtsgehen 40
Schritttraining 40
Schritttraining auf wechselndem Untergrund 41
Schritttraining am Hügel oder diagonal 41
Trabtraining 44
Cavaletti-Arbeit 45

Vorderhanderkrankungen und ihre Behandlungspläne 49

Arthrose der Vordergliedmaße 49
Ellenbogengelenksdysplasie (ED) . . . 51
Bizepssehnenendopathie 53
Osteochondrosis dissecans (OCD) . . 55
Sehnenverletzungen der Pfoten . . . 56
Vorderbeinamputation 57
Verletzung des Plexus Brachialis 59

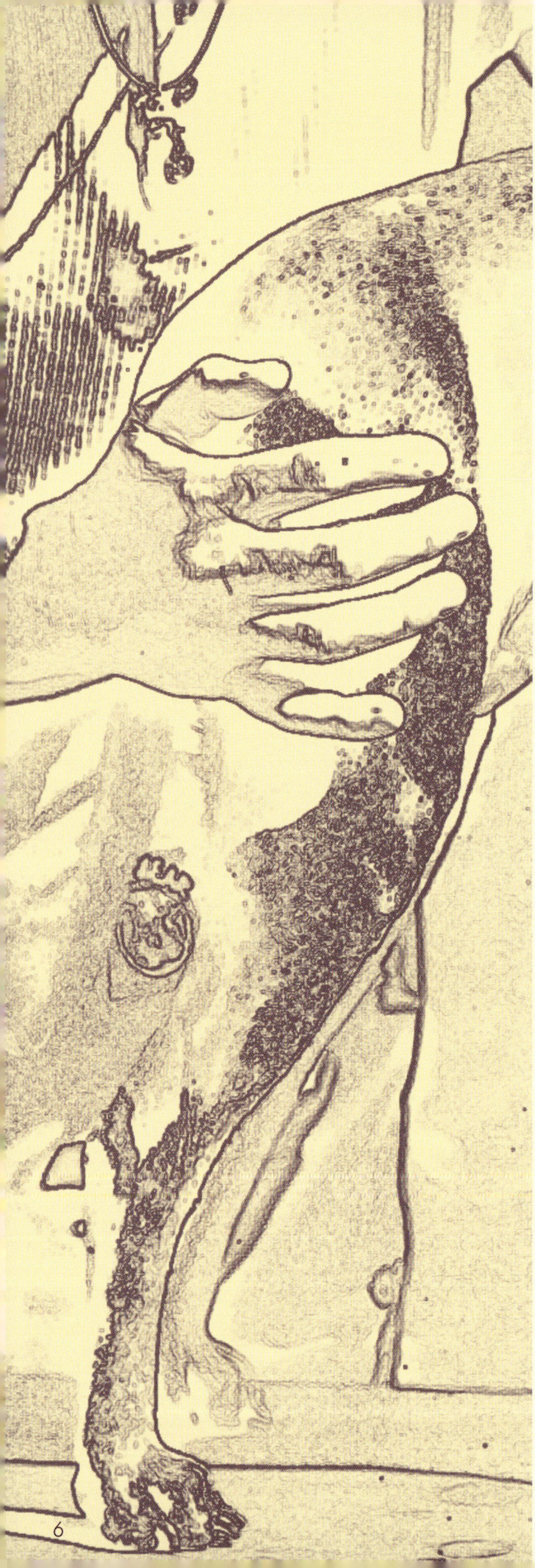

Erkrankungen und Therapie der Hinterhand 61

Behandlungsmöglichkeiten und Übungen für die Hinterhand 61

Isometrische Übungen für die Hinterläufe 61

Pfoten anheben 63

Sitz/Steh-Transfer 64

Kniebeuge 65

Das gerade Platz (Sphinx-Position) . . . 65

Platz/Steh-Transfer 66

Schritttraining 67

Schritttraining auf wechseldem Untergrund 67

Schritttraining bergauf 67

Trabtraining. 70

Hinterhanderkrankungen und ihre Behandlungspläne 70

Hüftgelenksdysplasie (HD) 70

Patellaluxation 72

Kreuzbandruptur (Kreuzbandriss) . . . 75

Hinterbeinamputation. 77

Erkrankungen und Therapie des Rückens 81

Behandlungsmöglichkeiten und Übungen für den Rücken . . . 81

Gewichtsverlagerungen vorn – hinten 81

Gewichtsverlagerungen diagonal 83

Wackelbrett 84

Biegen der Halswirbelsäule (HWS) seitlich 85

Biegen der Halswirbelsäule (HWS) auf und ab 86

Rumpfbeuge: Biegen von Hals-, Brust- und Lendenwirbelsäule (HWS/BWS/LWS) seitlich 86

Slalomlaufen 87

Apportieren 88

Bauchmuskeltraining 90

Schritttraining 92

Schritttraining auf wechselndem Untergrund 92

Schritttraining am Hügel oder diagonal 92

Trabtraining 94

Cavaletti-Arbeit 94

Rückenerkrankungen und ihre Behandlungspläne 95

Spondylose 95

Bandscheibenvorfall 97

Cauda equina (Kompressionssyndrom) 100

Verletzungen des Rückenmarks und Rückenmarksinfarkt 104

Wobbler-Syndrom 106

Degenerative Myelopathie 108

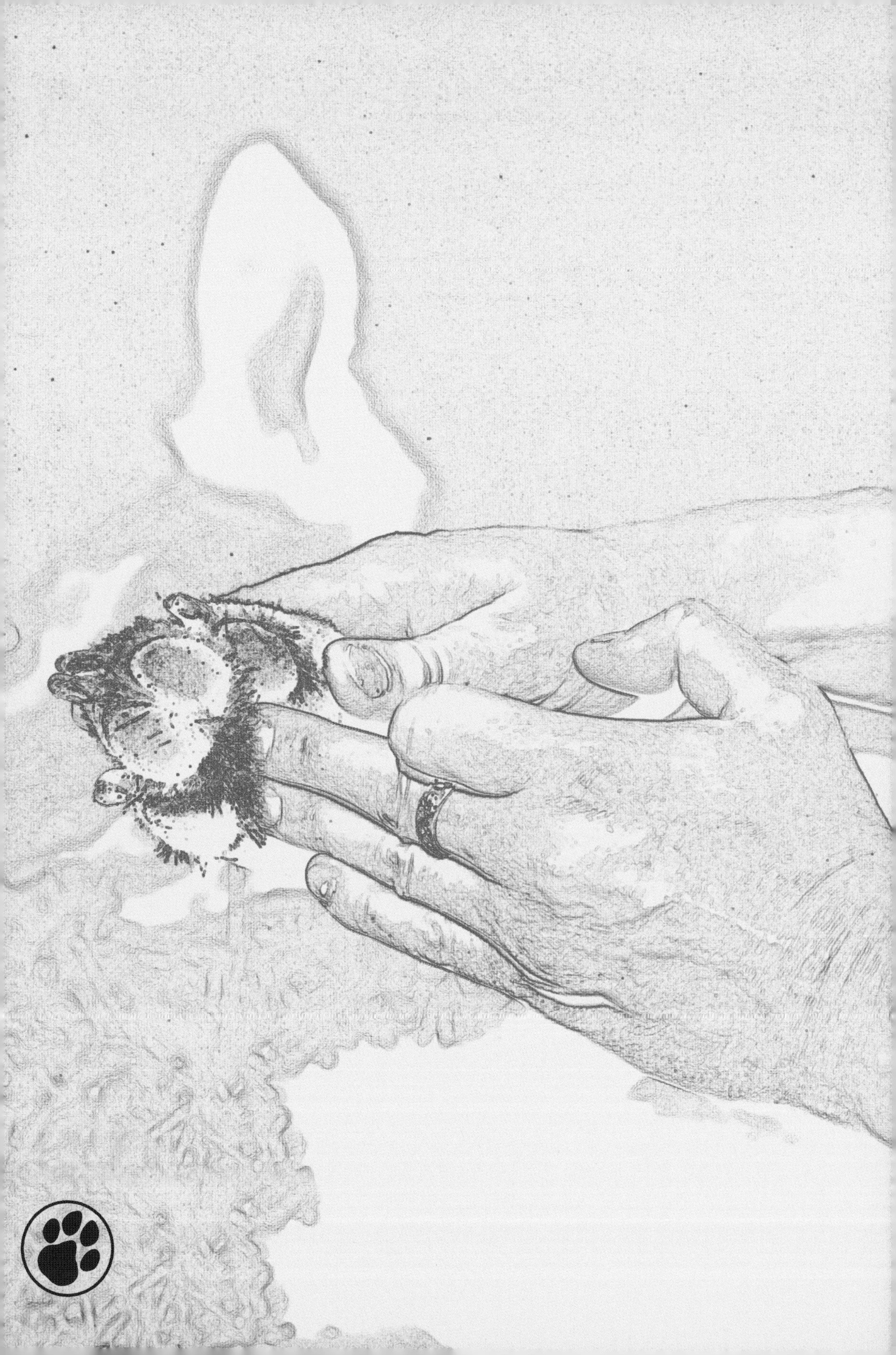

Einleitung

Der Hund begleitet seit Urzeiten den Menschen. Wie kein anderes Haustier ist er heute in den Mittelpunkt gerückt. Waren Hunde noch vor einigen Jahrzehnten reine „Arbeiter“ (an der Schafherde, im Polizeidienst, als Hofwächter und vieles mehr), so bereichern sie heute unsere Familien und haben dort ihren festen Platz.

Auch wir, die Autorinnen, sind seit unserer Jugend im Bann des Hundes. Und bis heute sind wir von diesen Tieren fasziniert, seien es die vielen verschiedenen Charaktere, denen wir begegneten und begegnen, oder die vielen verschiedenen Rassen. Die Liebe zum Hund war hauptsächlich entscheidend dafür, uns nun mit den Behandlungsmöglichkeiten zu beschäftigen, die die Physiotherapie bietet, und somit erkrankten Hunden Schmerzen zu nehmen, ihre Beweglichkeit wiederherzustellen und ihnen Lebensqualität zurückzugeben.

Wir möchten mit diesem Buch den Weg für Krankengymnastik am Hund in Deutschland noch etwas breiter und weniger steinig machen. Leider ist dieses Thema bei Veterinärmedizinern und Hundehaltern noch immer keine Selbstverständlichkeit, obwohl der Hund in den letzten Jahrzehnten immer mehr Familienmitglied geworden ist.

Melchior mit seinem unverkennbaren Charme

Natürlich möchten wir nicht unerwähnt lassen, dass es ohne Hilfe nicht gelungen wäre, dieses Buch zu schreiben. Unser Dank gilt: unserer Lektorin, Frau Dr. Lehari, die so unendlich viel Geduld mit uns hatte; unseren Familien und Freunden, die Mut machend hinter uns standen; dem Hotel „Wolf" in Oberammergau, das für herrlichen Sonnenschein und ein tolles Umfeld sorgte; Inge, mit ihren Hunden Olga, Quicki und Hexi sowie Janina mit Johnny, die beim Fototermin parat standen; und Herbert für die Bauanleitungen. Und nicht zuletzt seien unsere eigenen Hunde erwähnt: Lola, mit den schönsten Weimi-Ohren; Paula, die italienische Primadonna; Chandor, der adeligste Manchester Terrier, der jemals lebte; und Melchior, der trotz seiner Erkrankung immer lacht und Mut zum Leben hat und weitergibt; auch ihnen sei an dieser Stelle gedankt, denn sie waren wohl von allen die Geduldigsten.

Nachdem sich bereits mehrere fundierte Bücher über das Thema Hundekrankengymnastik auf dem Markt befinden, stellt sich die Frage, was uns beide dazu bewegte das Thema nochmals in Buchform darzustellen. Der Hauptgrund war, eine konkrete Arbeitsanleitung für die Durchführung von gymnastischen Übungen zusammenzustellen, die es in dieser Form noch nicht gibt.

Dieses Buch ist eine reine Arbeitsanleitung. Hintergrund- und Fachwissen findet sich nur in komprimierter Form. Es ist ein Handbuch für den interessierten und betroffenen Hundehalter, der einen Hund mit Problemen am Bewegungsapparat besitzt und neben den notwendigen veterinärmedizinischen Behandlungen selbst etwas für seinen Hund tun will. Der Therapieansatz lässt sich zusammenfassen mit dem Spruch: „Wer rastet, der rostet".

Hunde mit Problemen am Bewegungsapparat haben häufig Schmerzen bei der Bewegung – oft auch unerkannt –, daher bewegen sie sich weniger oder schonen auch nur eine einzelne Gliedmaße. Doch je weniger sie sich bewegen, desto mehr baut die Muskulatur ab, desto instabiler werden Gelenke, Bänder und Sehnen. Je größer die muskuläre Instabilität ist, desto mehr Schmerzen entstehen bei der Bewegung. Der Hund gerät in einen Teufelskreis aus mangelnder Bewegung und zunehmendem Schmerz. Doch was tun, wenn der Hund sich nur unter Schmerzen bewegen kann? Mit gezielt ausgewählten krankengymnastischen Übungen kann man den Teufelskreis durchbrechen beziehungsweise dafür sorgen, dass es gar nicht so weit kommt.

Dieses Buch wendet sich also an Hundebesitzer, deren Hunde schon funktionelle Probleme haben, ebenso wie an diejenigen, die eine anatomische Schwachstelle ihres Hundes kennen und prophylaktisch tätig sein wollen. Im ersten Kapitel finden Sie eine Übersicht über die verschiedenen Behandlungsmöglichkeiten. In den folgenden drei Kapiteln werden jeweils die häufigsten Erkrankungen von Vorderhand, Hinterhand und Rücken sowie deren mögliche Therapien und Behandlungspläne vorgestellt, wobei hier sowohl passive Maßnahmen wie

Hexi, die Golden Retriever-Hündin von Inge

Massage und Wärmetherapie als auch aktive Übungen aus der Bewegungstherapie aufgeführt und erklärt werden.

Die beschriebenen Maßnahmen stellen nur einen kleinen Auszug aus der Therapiepalette der Hundephysiotherapie dar, die noch viel mehr Behandlungsmöglichkeiten bietet. Viele dieser therapeutischen Möglichkeiten setzen jedoch umfangreiche Kenntnisse der hündischen Anatomie und Krankheitslehre sowie auch praktische Erfahrung in der Anwendung voraus, um diese sinnvoll und vor allem gefahrlos nutzen zu können. Daher haben wir uns in diesem Buch auf Techniken aus der Krankengymnastik beschränkt, die man auch als Laie mit etwas Umsicht und gesundem Menschenverstand umsetzen kann, ohne dem Hund zu schaden.

Behandlungs-möglichkeiten

Massagen

Die Massage spielt eine wichtige Rolle, wenn es darum geht Schmerzen zu lindern, dem Hund seinen Körper bewusst zu machen und eine tiefe Bindung zwischen Hund und Besitzer zu schaffen. Mithilfe von Massagen gelingt es, verspannte und schmerzende Muskulatur zu lockern und schlaffe Muskulatur anzuregen und unter Spannung zu bringen.

Mit entspannter Muskulatur, die folglich weniger schmerzt, hat der Hund mehr Spaß an den gymnastischen Übungen, die dann auch von Erfolg gekrönt sind. Ist der Hund in der Muskulatur verspannt, könnte er uns durchaus die Mitarbeit bei der Gymnastik verweigern und der Besitzer ist frustriert (der Hund im Übrigen auch).

Was passiert bei der Massage?

Massage ist die Behandlung des Körpers durch Streichen, Kneten, Klopfen, Erschüttern und Reiben mit Beeinflussung der Haut, Unterhaut und Muskulatur, wobei Allgemeinwirkungen auf Stoffwechsel und Kreislauf ausgelöst werden. Es werden verschiedene Massagearten unterschieden. Wir wollen uns hauptsächlich mit der entspannenden und der anregenden Ganzkörper- oder Teilmassage beschäftigen.

Für eine Massage sollte der Hund entspannt sein, damit die Therapie auch den gewünschten Erfolg bringt.

Wie der Name sagt, beschäftigen wir uns bei der Ganzkörpermassage mit dem gesamten Körper des Hundes: von der Nase bis zur Schwanzspitze und von den Ohren bis zu den Pfoten. Bei der Teilmassage behandeln wir einen bestimmten Teil des Körpers wie zum Beispiel nur den Rücken oder nur ein Bein des Hundes.

Massagen können immer dann durchgeführt werden, wenn Hündinnen nicht tragend sind, der Hund keine Entzündungen hat oder an fieberhaften Erkrankungen leidet, weder Tumoren noch frische Verletzungen oder eine verstärkte Blutungsneigung besitzt.

Alle Handgriffe werden sanft, langsam und gleichmäßig ausgeführt und erfolgen mit der Wuchsrichtung des Fells. Die Griffe sind immer nur so stark wie nötig, aber so schwach wie möglich. Bei der entspannenden Massage muss konzentriert gearbeitet werden, damit keine Reaktion des Hundes unbeachtet bleibt. So kann das Öffnen des Hundeauges schon mal bedeuten, dass jetzt gerade der Druck der Massage zu hoch war. Zur Vorbereitung gehört, dass sich der Hund vor der Massage entleert hat, sonst bleibt er möglicherweise nicht ruhig liegen. Ebenso darf er erst nach der Massage gefüttert werden.

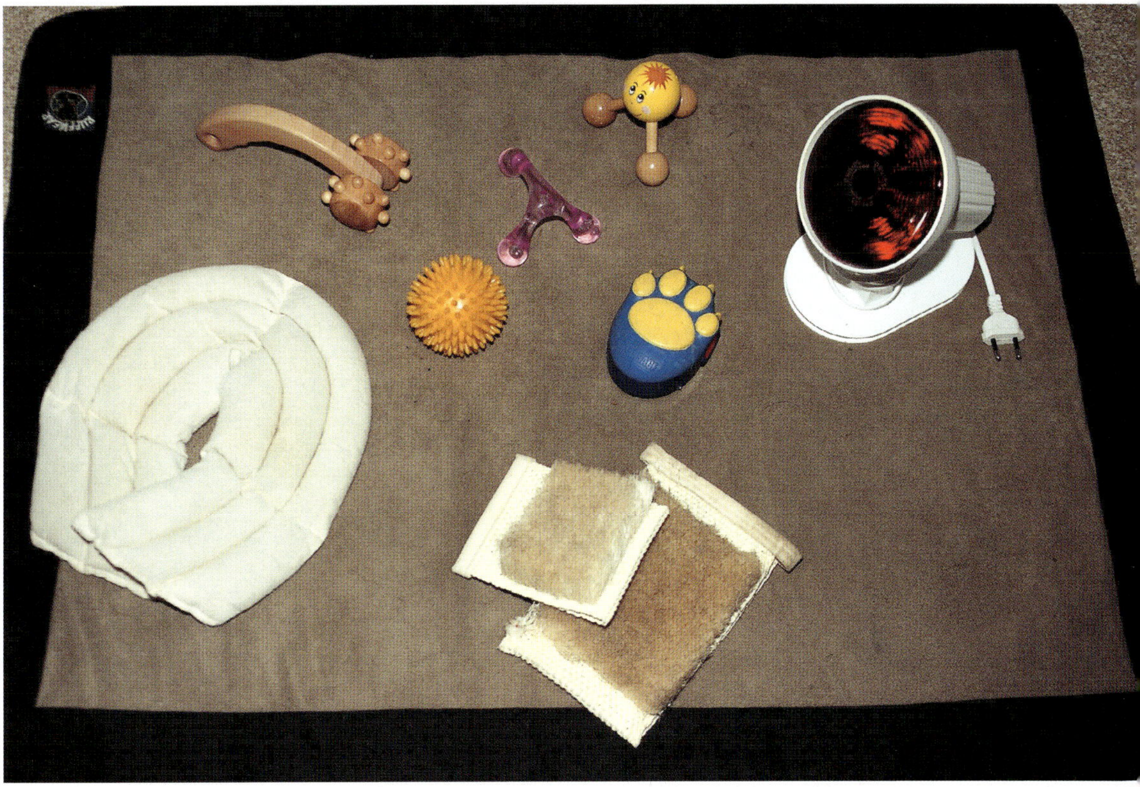

Diese hier abgebildeten Massagehilfen lassen sich bei der Therapie an Hunden sinnvoll einsetzen.

Massagehilfen

Natürlich kann man auch beim Hund handelsübliche Massagehilfen einsetzen. Im Angebot sind dort die Sisalbürste, der Igelball (bei langhaarigen Hunden gehört dann ein bisschen Übung dazu den Hund zu massieren ohne das Fell zu verknoten), elektrische Massagestäbe (Achtung – einige sind wegen ihrer Lautstärke bei den Hunden nicht sehr beliebt), der Rückenspatz und viele mehr.

Zu den Massagehilfen gehören auch die Rotlichtlampe und das erwärmte Dinkel- oder Kirschkernkissen (einige Hunde reagieren auf das laute „Klappern" der Kirschkerne). Rotlichtlampe und Dinkelkissen dürfen bei allen entzündlichen Erkrankungen nicht angewendet werden, da sie das Krankheitsbild noch verschlimmern können. Vor deren Anwendung wenden Sie sich vertrauensvoll an Ihren Tierarzt oder den Physiotherapeuten in Ihrer Umgebung. Sie geben gern Auskunft und empfehlen Alternativen.

Beim gesunden Hund können wir das Rotlicht oder das erwärmte Dinkelkissen als massagevorbereitende Maßnahme einsetzen. So legt man zum Beispiel das Dinkelkissen auf die Schultermuskulatur und stellt die Rotlichtlampe so, dass der

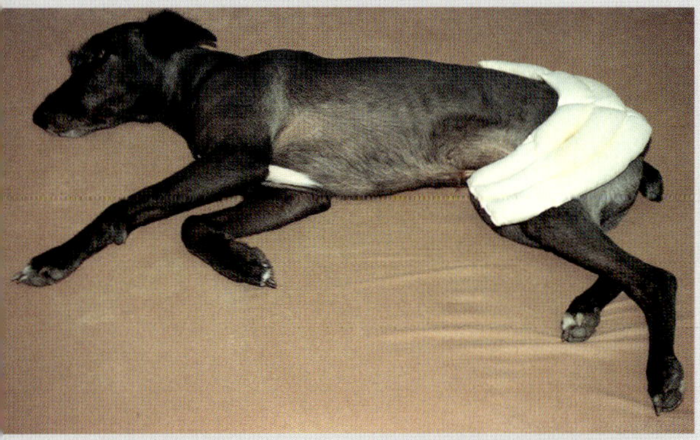

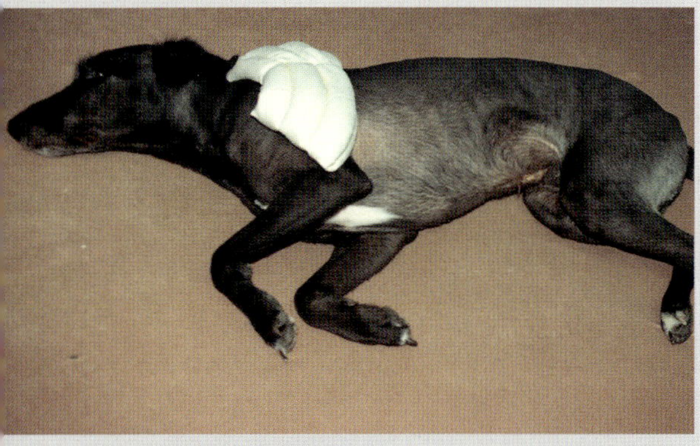

Das erwärmte Dinkelkissen lässt sich sowohl an der Hinterhand wie auch an der Vorderhand anwenden. Es darf aber nicht bei entzündlichen Erkrankungen eingesetzt werden.

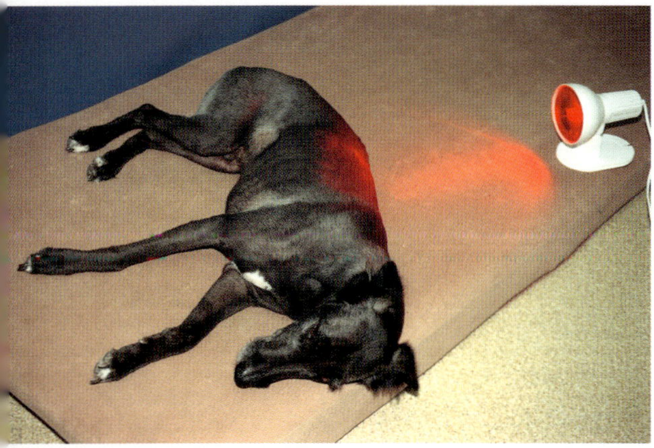

Mit der Rotlichtlampe lässt sich der Rücken des Hundes gut bestrahlen, um Verspannungen zu mildern und die Durchblutung zu fördern.

Rücken des Hundes bestrahlt wird. Dadurch wird die Durchblutung in der entsprechenden Muskulatur schon vor der Massage angeregt und eventuelle Verspannungen können leichter gelöst werden.

Anwendung von Rotlicht

- Etwa zehn bis 15 Minuten im Abstand von mindestens 50 Zentimetern zum Hund

Anwendung von Dinkel- oder Kirschkernkissen

- Im Backofen oder in der Mikrowelle erhitzen; zum Prüfen der Temperatur legen Sie Ihren Handrücken (!) auf das Dinkelkissen. Wenn Sie den Handrücken 20 Sekunden auf dem Dinkelkissen lassen können, erträgt es auch Ihr Hund.

Streichung

Die Streichung ist ein wichtiger Massagehandgriff. Es ist der erste Handgriff zur Kontaktaufnahme mit dem Hund und dient als Übergangsgriff, wenn die Massagegriffe gewechselt werden, ebenso ist er der Abschlussgriff einer jeden Massage.

Die Streichung wirkt beruhigend und entspannend, durchblutungsfördernd und lymphatisch entstauend.

Die Streichung wird mit der flachen Hand ausgeführt, wobei der Druck gerade so stark ist, dass die Muskulatur unter der Hand zu spüren ist, ohne dem Hund dabei wehzutun.

Knetung

Die Knetung ist gut geeignet, um Verspannungen in Haut und Muskulatur sowie Verklebungen zwischen den Geweben zu lösen.

Es gibt verschiedene Möglichkeiten der Knetungen. Wir beschränken uns hier aber nur auf die Daumenknetungen und die Verwindungen.

Bei den Daumenknetungen werden halbkreisförmige Bewegungen mit beiden Daumen ausgeführt. Der Druck geht nach außen und auf den Knochen, der sich darunter befindet. Die Daumen können sowohl gleichzeitig als auch abwechselnd benutzt werden.

Für die Verwindungen benutzt man entweder die Fingerspitzen oder die ganze Hand. Haut oder Muskulatur werden zwischen den Fingern gefasst und s-förmig gegeneinander bewegt. Doch bitte Vorsicht, den Hund nicht kneifen!

Zirkelung

Mit kleinen kreis- oder schneckenförmigen Bewegungen wird je nach Druckstärke eine Wirkung auf Haut und Muskulatur erzielt. Zirkelungen fördern die Durchblutung und sorgen somit für einen besseren Abtransport von Stoffwechselablagerungen im Gewebe.

Zirkelungen werden meistens mit dem Mittelfinger ausgeführt, der vom Ringfinger unterstützt wird. Bei der Zirkelung arbeitet man punktuell, das heißt, man beginnt an einer Stelle in der Muskulatur mit leichtem Druck zu kreisen und verstärkt allmählich diesen Druck. Anschließend lässt man den Druck dann wieder etwas nach.

Da inzwischen ausreichend Literatur zum Thema „Massage am Hund“ im Handel erhältlich ist, möchten wir uns mit den Erläuterungen auf diese drei wichtigen Massagehandgriffe beschränken.

Die entspannende Massage

Die entspannende Massage wird immer dann Anwendung finden, wenn der Hund allgemein psychisch angespannt ist (zum Beispiel vor oder nach einer Ausstellung, vor oder nach einem Turnier, vor oder nach Urlaubsreisen und so weiter) oder die Muskulatur aus verschiedenen Gründen verspannt ist. Verspannte Muskulatur verursacht meistens Schmerzen und lässt einen normalen Bewegungsablauf nicht zu. Denken wir im Vergleich nur mal an unsere Nackenmuskulatur, wenn wir zu lange am Computer gesessen haben.

Verspannte Muskulatur fühlt sich etwa genauso an wie ein angespannter Muskel: Legen Sie mal ihren Unterarm locker auf einen Tisch und ziehen das Handgelenk hoch. Wenn Sie jetzt mit der anderen Hand auf den angespannten Unterarm fassen, haben Sie ungefähr das Gefühl, wie sich verspannte Muskulatur anfühlt (siehe Foto Seite 20). Und wenn Sie jetzt in diesem angespannten Muskel Fingerzirkelungen mit der anderen Hand ausführen, spüren Sie, mit wie viel oder besser wie wenig Druck man arbeiten muss, um dem Hund nicht wehzutun. Wobei man natürlich auch berücksichtigen muss, dass das Schmerzempfinden bei Hunden ganz unterschiedlich sein kann. Wo ein Hund vor Wohlbefinden die Augen schließt, läuft ein anderer vielleicht weg. Es

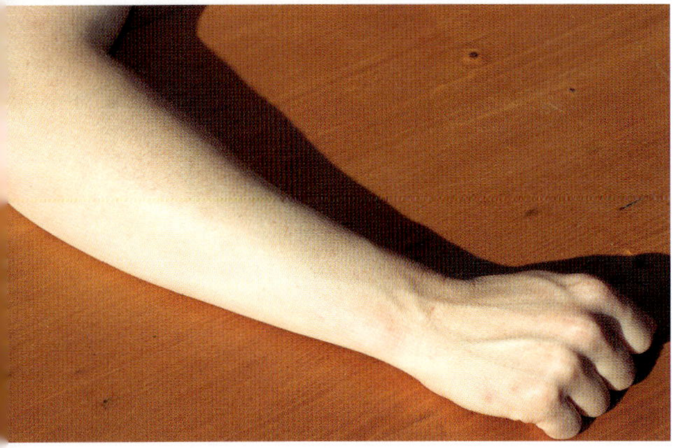

Lockerer Unterarm

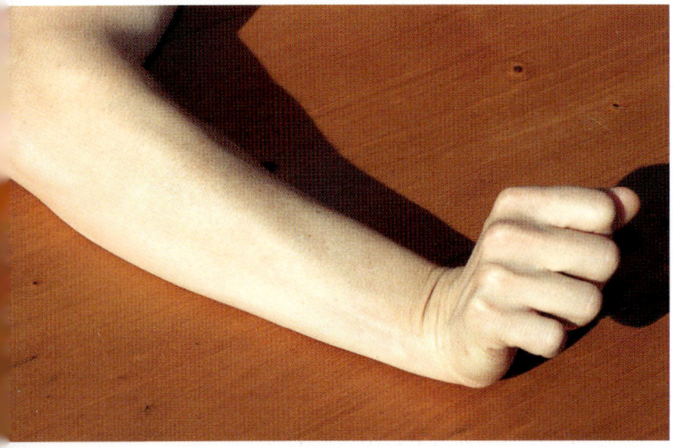

Angespannter Unterarm

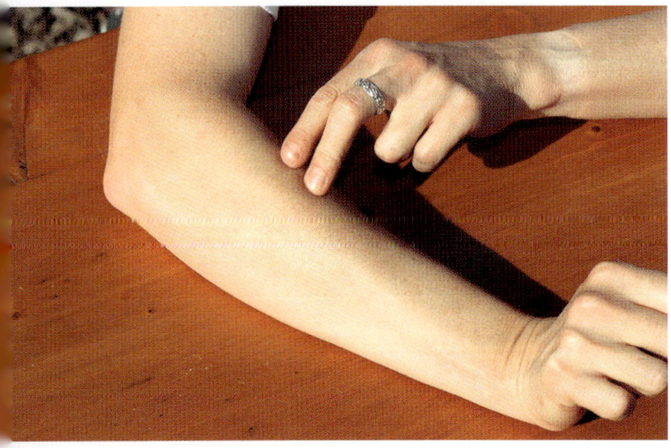

Ertasten der angespannten Muskulatur.

gehört also ein bisschen Übung und Fingerspitzengefühl dazu, den Hund zu massieren. Aber Übung macht bekanntlich den Meister.

Mit der entspannenden Ganzkörpermassage beginnt man auf der herzfernen Seite, der Hund liegt also zu Beginn auf seiner linken Körperseite. Hierfür sitzen oder stehen Sie an der Bauchseite des Hundes, denn hier können Sie die Reaktionen des Hundes gut sehen. Grundsätzlich beugt man sich beim Massieren nicht von hinten über den Hund, denn einige Hunde empfinden den Menschen im Rücken als unangenehm und versuchen aufzustehen.

Das leichte Ziehen der Rute in Ihre Richtung erleichtert dem Hund das Hinlegen auf die richtige Seite.

Zuerst setzen Sie sich an den Ort, wo Sie den Hund massieren wollen, und bitten ihn nun zu sich. Steht der Hund mit seiner Seite vor Ihnen, nehmen Sie vorsichtig seine Rute und ziehen Sie diese leicht in Ihre Richtung. Versucht sich der Hund nun nach Aufforderung hinzulegen, wird er schon mit den Hinterläufen auf der Seite zu liegen kommen. Genauso verfahren Sie auch, wenn Sie einen Hund mit Stummelrute haben.

Auf diese Weise lässt sich der Hund dazu bringen, sich entspannt auf die Seite zu legen. Jetzt können Sie mit der Ganzkörpermassage beginnen

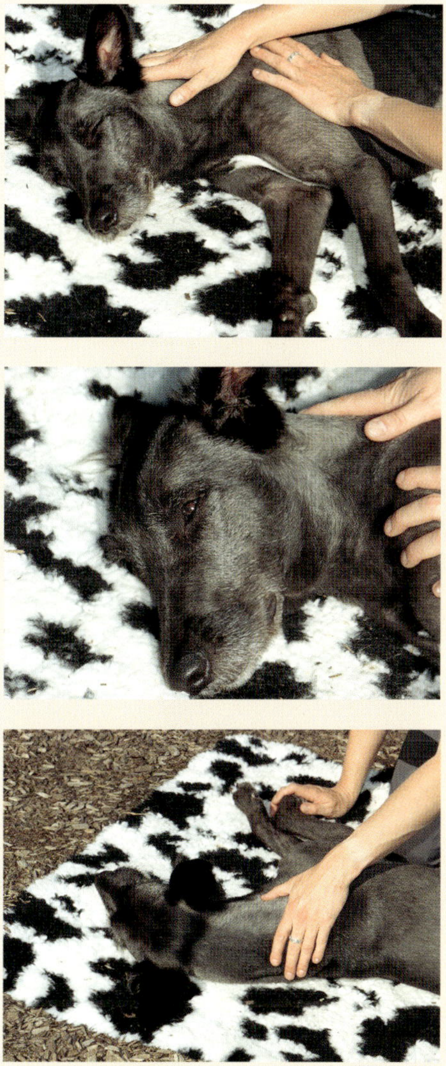

Diese Beispiele zeigen, wie die Streichung beim liegenden Hund durchgeführt werden kann.

Ertasten der Wirbelsäule

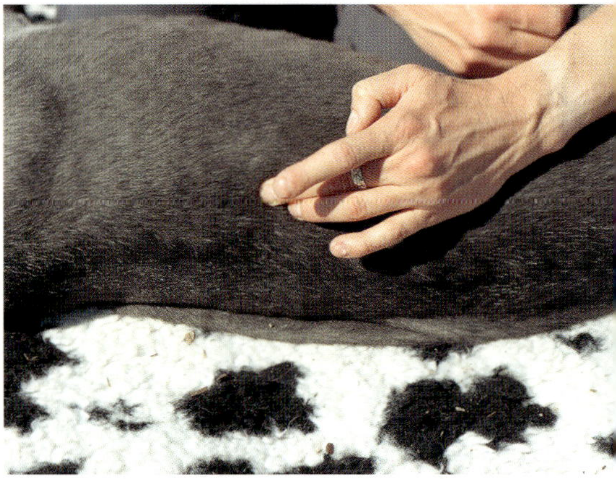

Zirkelung im Rückenbereich

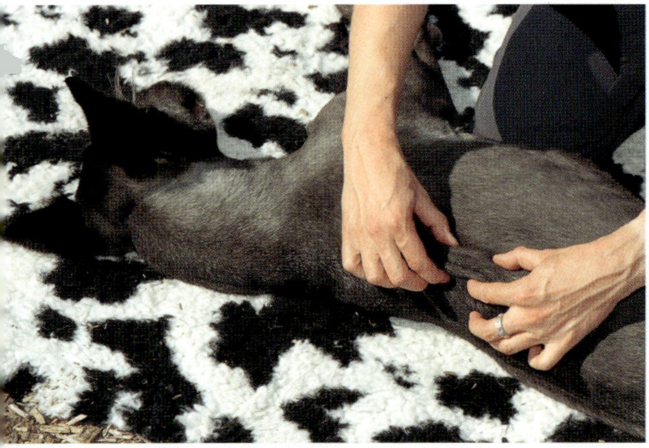

Rückenmassage mit Knetung

Massieren der Vorderpfote

Beginnen Sie mit sanften, ruhigen Streichungen in Fellwuchsrichtung vom Kopf bis zur Rutenspitze, über Vorder- und Hinterlauf bis zu den Pfoten. Sie werden sehen, der Hund wird schon nach einigen Minuten müde sein und sich allein auf die Seite legen.

Sie beginnen mit der Massage am Hinterlauf, massieren dort mit den beschriebenen Griffen Ober- und Unterschenkel und die Pfoten. Dann massieren Sie den Rücken. Bei der Massage des Rückens achten Sie bitte genau darauf, dass Sie nicht auf den Dornfortsätzen der Wirbelkörper massieren. Sie ertasten vor der Rückenmassage zuerst die Wirbelsäule und massieren nun den Rückenmuskel, der neben der Wirbelsäule über die gesamte Länge zu ertasten ist. Abschließend massieren Sie die Vorderläufe und die Pfoten.

Wenn Sie die rechte Seite massiert haben, lassen Sie Ihren Hund langsam aufstehen und legen ihn, wie oben beschrieben, auf die andere Seite. Wir empfehlen diese Art des Seitenwechsels, da beim Drehen über den Rücken immer die Gefahr einer Magendrehung besteht. Gehen Sie bei der Massage der linken Seite genauso vor wie bei der rechten. Sind Sie mit dem Vorderlauf der linken Seite fertig, massieren Sie noch einmal alle vier Pfoten, jetzt aber darf es gern ein bisschen kräftiger sein. Lassen Sie Ihren Hund nach der Massage nicht gleich aufspringen, sondern bringen Sie ihn dazu vorsichtig und ruhig aufzustehen. Bevor der Hund loslaufen darf, muss die gelockerte und entspannte Muskulatur wieder in Spannung gebracht werden. Führen Sie die isometrisch-stabilisierenden Übungen für den Rücken, die Hinterläufe und die Vorderläufe, wie später beschrieben, durch. Erst dann darf der Hund loslaufen.

Nach so einer entspannenden Ganzkörpermassage geben Sie Ihrem Hund Gelegenheit sich zu entleeren, bieten ihm frisches Wasser an und lassen ihn dann ausgiebig schlafen.

Die Teilmassage läuft im Wesentlichen genauso wie eine Ganzkörpermassage ab. Auch bei der Teilmassage sollte der Hund entspannt auf der Seite liegen. Dann wird entweder nur der Vorderlauf oder der Hinterlauf, nur der Rücken oder der Schwanz massiert. Auch nach einer Teilmassage sollte der massierte Teil des Körpers mit stabilisierenden Übungen wieder unter Spannung gebracht werden.

Die anregende Massage

Die anregende Massage kommt immer dann zum Einsatz, wenn die Muskulatur schnell gut durchblutet und die Grundspannung der Muskulatur erhöht werden soll, zum Beispiel bei Hunden, die infolge einer Erkrankung Lähmungserscheinungen oder nach einem Unfall oder einer Operation ein Muskulaturdefizit haben, oder bei Hunden kurz vor einem sportlichen Einsatz wie einem Agility-Turnier. Aber Achtung: Diese Massage ersetzt nicht das Aufwärmen des Hundes durch Bewegung, sondern ist eine Ergänzung!

Diese Massageform findet meistens nur als Teilmassage statt. Alle schon beschriebenen Massagegriffe kommen auch hier zur Anwendung, nur mit dem Unterschied, dass Sie jetzt nicht sanft, sondern kräftig massieren und entgegengesetzt der Fellwuchsrichtung.

Zum Massieren bringen Sie den Hund in Seitenlage wie oben beschrieben. Wenn Sie Ihren Hund mit anfangs sanften und ruhigen Streichungen ein wenig entspannt haben, beginnen Sie mit der Massage der betroffenen Region.

Die sanften Streichungen gehen in kräftige Streichungen gegen den Fellstrich über, werden anschließend abgelöst von Knetungen gegen den Fellstrich, dann erfolgen wieder kräftige Streichungen, dann noch einige kräftige Zirkelungen und zum Schluss nochmals kräftige Streichungen.

Auch bei dieser Massageart können Massagehilfen wie Igelball oder Wurzelbürste (für die Pfoten) zum Einsatz kommen.

ABT: aktive Bewegungstherapie oder Trainingstherapie

Die Bewegungstherapie nutzt die aktive, selbstständig ausgeführte oder teilweise durch den Behandler assistierte Bewegung als natürliches Heilverfahren zur Verbesserung der Kraft, Ausdauer, Ökonomisierung der Muskelarbeit, Verbesserung der Durchblutung, Verbesserung der Beweglichkeit, Entspannung angespannter Muskulatur, Stabilisierung überbeweglicher Gelenke, Harmonisierung von Bewegungen und Verbesserung der Reaktionsfähigkeit. Sie beinhaltet eine Kombination aus Ausdauertraining, Beweglichkeit, Koordination und Kräftigung bestimmter Muskelgruppen, die auf den individuellen Trainingszustand beziehungsweise die Erkrankung des Hundes abgestimmt ist.

Bewegungstherapie ist kein statisches Verfahren, sondern ein dynamischer Vorgang, der sich an die zunehmende Belastbarkeit des Hundes im Verlauf der Therapie anpasst. Durch einen geplanten und stufenförmigen Behandlungsaufbau zielt die Bewegungstherapie darauf ab, die normale Funktion wiederherzustellen beziehungsweise zu erhalten und die Belastungsfähigkeit in den einzelnen Behandlungsetappen heraufzusetzen, um dem Hund ein hundegerechtes Leben mit hundetypischen Verhaltensweisen wie Laufen, Rennen, Spielen zu ermöglichen – und das ohne Schmerzen. Die Bewegungstherapie greift oft auf natürliche Bewegungen des Tieres zurück und nutzt diese gezielt. Dies darf aber nicht dazu führen, unreflektiert natürliche Bewegungen und Bewegungsmuster zur

Die Bewegungstherapie nutzt aktive und selbstständige Bewegung als natürliches Heilverfahren, um Kraft und Ausdauer zu verbessern und die Muskulatur zu entspannen.

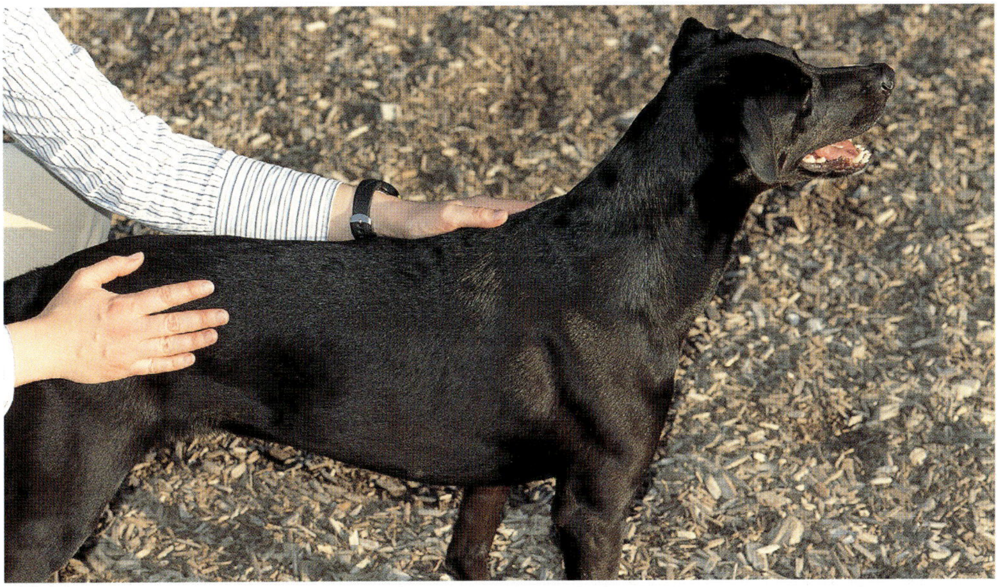

Dies ist ein Beispiel für eine isometrische Übung, wobei ohne Bewegung der Gelenke die Muskulatur angespannt wird.

Trainingstherapie einzusetzen, nur weil diese „natürlich“ sind. Bestimmte Erkrankungen werden durch manche Bewegungsabläufe verschlechtert, während andere Erkrankungen die Vorteile genau dieser Bewegungsform nutzen können. Sinnvolle Übungen und Abläufe der Bewegungstherapie werden in den späteren Kapiteln bei den entsprechenden Erkrankungen detailliert beschrieben.

Isometrie

Beim isometrischen Training handelt es sich um eine besondere Form des Krafttrainings. Es treten Spannungsänderungen im Muskel auf, ohne dass es zu einer Längenänderung der Muskeln kommt. Die Isometrie gehört zur aktiven Bewegungstherapie.

Der Muskel verkürzt sich gar nicht oder nur minimal. Er wird angespannt, ohne seine Länge zu verändern. Es wird ein Widerstand aufgebaut ohne Bewegung der Gelenke oder der Muskulatur und für mehrere Sekunden gehalten. Der Hund arbeitet meist entweder gegen die Schwerkraft oder den Widerstand der Hand des Behandlers. Regelmäßig betrieben fördert isometrisches Training die Muskelkraft trotz sehr geringem Zeitaufwand und ohne Hilfsmittel effektiv. Isometrisches Training ist besonders gut für Hunde geeignet, die Schmerzen während der Bewegung haben, wie es bei Gelenkerkrankungen der Fall sein kann, da keine Gelenkbewegung erforderlich ist. Auch postoperativ kann durch Isometrie der Verlust von Muskelmasse durch verordnete Boxenruhe oder Leinenzwang effektiv verhindert oder gemildert werden.

Bei jeder Übung wie auch diesem Pfotenheben sollten der Schwierigkeitsgrad und die Anzahl der Wiederholungen nur allmählich gesteigert werden.

Trainingsablauf

Grundlage jedes Trainingsfortschritts ist die biologische Anpassung des Gesamtorganismus an einen Trainingsreiz. Einen solchen Reiz stellen auch die hier im Buch beschriebenen Übungen dar. Ziel ist eine Stärkung der Muskulatur, ein Erhalt und Ausbau der Gelenkbeweglichkeit und eine Reduktion von Schmerz.

Es gibt einige einfache Grundregeln, die helfen das Training auch für einen kranken Hund sinnvoll zu steuern. Ein Anfängerhund sollte alle zwei bis drei Tage eine Pause einlegen, denn seine Muskulatur braucht ausreichend Zeit sich zu erholen. Muskulatur „wächst“ in den Ruhephasen, nicht während des Trainings. Die Trainingspausen können und sollten für passive Maßnahmen wie Massage und Wärme genutzt werden, welche die Regeneration aktiv unterstützen. Trotzdem kann und sollte Ihr Hund natürlich täglich bewegt werden und auch die Behandlungspläne können Sie weiter befolgen. Lediglich die Intensität des Trainings sollte variiert werden. Als Beispiel: Führt Ihr Hund manche Übungen schon zehnmal durch, sollten Sie ihn am dritten Tag die Übung nur fünf- bis siebenmal durchführen lassen.

Phasen höherer Belastung, die erforderlich sind für den Muskelaufbau, sollten sich abwechseln mit Phasen geringerer Belastung, die beispielsweise nur Bewegungsabläufe einüben, um Kapazität für den Mechanismus der Superkompensation zu lassen. Superkompensation bedeutet, dass während der Erholung die ausgeschöpften Energiereservoire nicht nur aufgefüllt werden, sondern ein Aufbau von Energiepotenzialen über das ursprüngliche Ausgangsniveau hinaus erfolgt.

Mit der Überkompensation betreibt der Organismus also eine Art „Vorratswirtschaft", indem er sich auf ein höheres Leistungsniveau begibt, von dem aus zukünftige Belastungen ökonomischer zu bewältigen sind. Auf diese Weise verschiebt sich im Verlauf eines Anpassungsprozesses das Leistungsniveau immer weiter nach oben. Um einen kontinuierlichen Leistungszuwachs zu erzielen, müssen deshalb die Trainingsreize nach dem Prinzip der steigenden Belastung schrittweise erhöht werden.

Der häufigste Anfängerfehler ist es, gleichzeitig Umfang und Intensität einer Belastung zu steigern. Wenn man also mehr Wiederholungen mit dem Hund macht, sollte der Schwierigkeitsgrad nicht gleichzeitig erhöht werden. Nehmen wir das Pfotenheben als Beispiel: Schafft der Hund es zehn Sekunden auf den übrigen drei Beinen zu stehen, und davon insgesamt drei Wiederholungen, sollte man als nächsten Schritt entweder die Dauer auf zum Beispiel 15 Sekunden steigern und die Wiederholungszahl bei drei belassen oder die Wiederholungszahl auf fünf steigern und die Dauer beibehalten. Auch im weiteren Aufbautraining werden Intensität und Umfang zunächst abwechselnd gesteigert.

Ein weiterer häufiger Fehler ist es, die Anstrengung des Hundes bei einer bestimmten Übung zu unterschätzen, weil uns Menschen die Übung so läppisch vorkommt. Es ist uns nicht möglich, die Anstrengung und den muskulären Aufwand des Hundes ohne weiteres konkret einzuschätzen. Die Erfahrung zeigt, dass meist zu viel vom Hund verlangt wird, sodass dieser mit Muskelkater und eventuell einem verstärkten Lahmen reagiert. Die Behandlungspläne beruhen auf unserer Erfahrung mit Hunden verschiedener Leistungsstufen und sollen Ihnen einen Anhaltspunkt geben, in welchem Umfang die Übungen durchgeführt werden. Es ist besser, hier lieber etwas unter der persönlichen Leistungsschwelle des Hundes zu bleiben, als diese zu überschreiten. Die Behandlungspläne sind ja auf einen kontinuierlichen Aufbau von Kraft, Ausdauer und Beweglichkeit ausgerichtet und so werden die Anforderungen abhängig vom Zustand des Hundes ohnehin langsam gesteigert.

Wenn Sie merken, dass Ihr Hund nach einer Trainingseinheit wieder mehr lahmt und sich das auch in den nächsten Trainingseinheiten fortsetzt, sollten Sie im Behandlungsplan wieder eine Stufe zurückgehen.

Wenn Sie sich erschlagen fühlen von unseren Behandlungsplänen und die Zeit für die Übungen mit ihrem Hund nicht aufbringen, nehmen Sie einfach einzelne Übungen aus den Plänen heraus und versuchen diese regelmäßig umzusetzen. Auch wenn Sie nur einen Teil der Übungen ausführen, helfen Sie damit der Muskulatur ihres Hundes enorm.

Erkrankungen und Therapie der Vorderhand

Behandlungsmöglichkeiten und Übungen für die Vorderhand

Gewichtsverlagerungen vorn – hinten

Sie stellen Ihren Hund vor ein kleines Hindernis, eine Treppenstufe, eine Bordsteinkante oder Ähnliches, positionieren sich neben Ihren stehenden Hund und locken mit einem Leckerchen seinen Kopf so nach vorn, dass er den Hals streckt und mehr Gewicht auf die Vorderbeine verlagert, aber ohne die Hinterpfoten nach vorn zu setzen. So einige Sekunden verharren und dann erst das Leckerchen geben. Aus dieser Position dann mit einem zweiten Leckerchen, das über den Hundekopf zurückgeführt wird, wieder den Körperschwerpunkt des Hundes und sein Gewicht nach hinten in die Ausgangsposition verlagern. In der hinteren Position ebenfalls einige Sekunden verbleiben und dann erst das Leckerchen geben. Um

Gewichtsverlagerung auf die Vorderbeine (Entlastungsphase)

die Gewichtsübernahme auf die Vorderhand zu fördern, kann man den Kopf des Hundes in der vorderen Position etwas nach vorn unten locken,, wenn der Hund das Bein sonst nicht freiwillig belastet.

Man beginnt mit ein bis zwei Sekunden Dauer in der jeweiligen Endposition, bevor man das Leckerchen fressen lässt, und wechselt etwa fünfmal von vorn nach hinten und zurück. Beherrscht der Hund die Übung gut, kann die Dauer auf

Gewichtsverlagerung wieder zurück auf die Hinterbeine

zehnSekunden ausgedehnt werden und die Anzahl der Wiederholungen auf zehn gesteigert werden. Diese Übung verbessert die Muskelkraft der Vorder- und Hinterhand und trainiert die Rükkenmuskulatur und die Koordination.

Gewichtsverlagerung seitlich

Sie knien sich neben Ihren stehenden Hund und legen eine Hand flach auf seine Schulter. Sollte der Hund auf einem erhöhten Tisch oder Ähnlichem stehen (wie auf diesen Fotos), können Sie selbst bei der Übung auch stehen bleiben. Nun versuchen Sie vorsichtig mit der Hand den Hund von sich weg zu schieben. Zeigt der Hund Widerstand, schieben Sie nicht weiter, sondern halten nur noch und zählen die Sekunden. Dann lassen Sie wieder locker. Aber lassen Sie langsam locker, sonst könnte Ihr Hund umfallen.

Gibt Ihr Hund keinen Widerstand oder weicht er aus, war der Druck, den Sie ausgeübt haben, zu stark. Versuchen Sie es noch einmal mit weniger Druck. Sie sollten immer nur gerade so viel drücken, dass Ihr Hund mit den Pfoten auf der Stelle stehen bleibt. Mit der Zeit lernt Ihr Hund, dass er stehen bleiben und Widerstand geben soll, sodass

Seitliche Gewichtsverlagerung: Hierbei versucht man, den Hund von sich weg zu schieben.

man dann allmählich etwas mehr Druck ausüben kann. Diese Übung wird einmal von rechts und einmal von links durchgeführt, um beide Vorderbeine zu trainieren. Man beginnt mit etwa drei Sekunden Dauer und steigert bis auf zehn Sekunden bei zunächst drei und später fünf Wiederholungen pro Körperseite.

Pfoten anheben

Der Hund steht auf allen vier Pfoten, der Behandler nimmt eine Vorderpfote in die Hand und hebt diese an. Die Hand des Behandlers greift dabei kurz oberhalb des Karpalgelenks (siehe Foto Seite 34) und winkelt beim Anheben das Vorderbein des Hundes im Ellenbogen an. Durch das Anhe-

Seitliche Gewichtsverlagerung von der anderen Seite: So erkennt man den richtigen Einsatz der Hände.

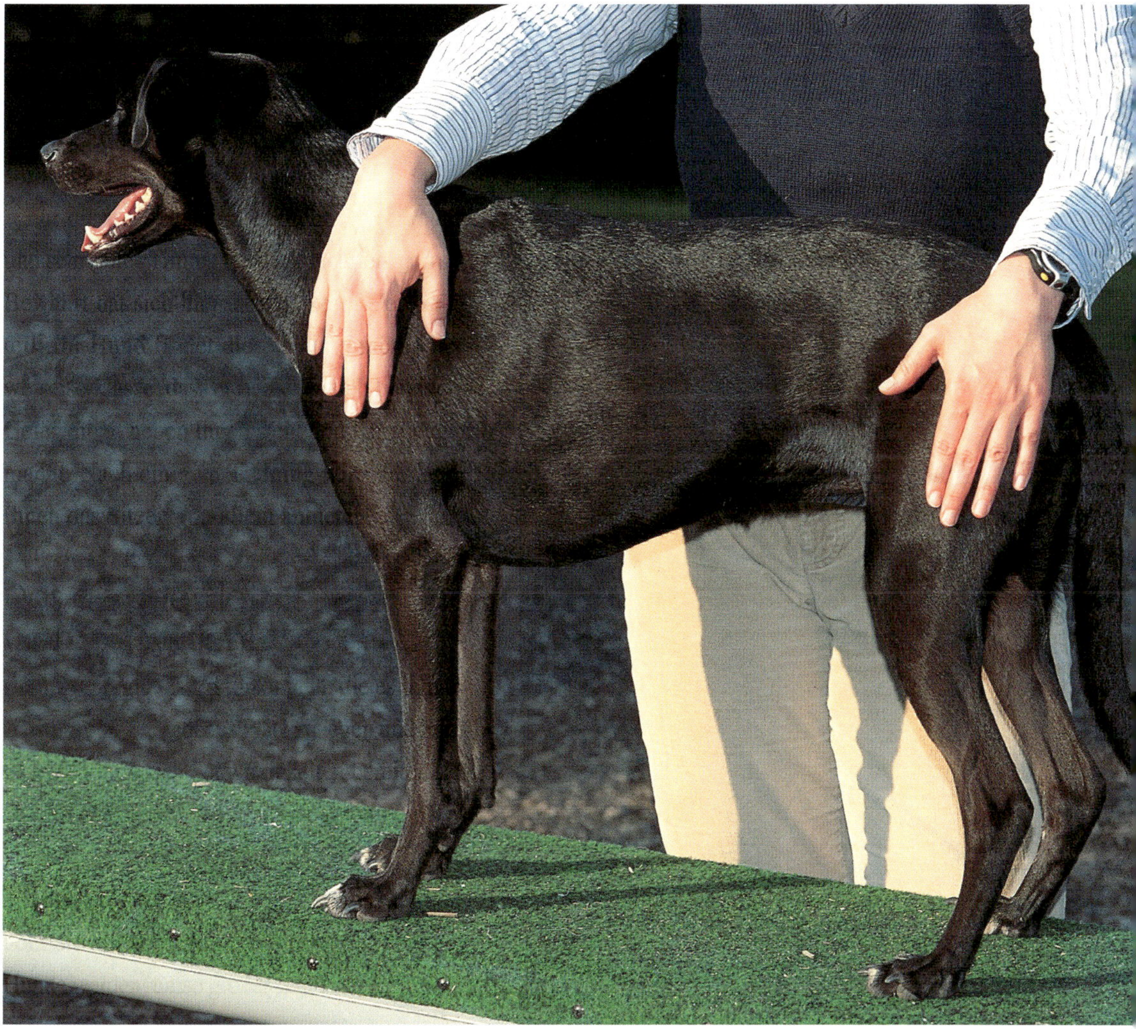

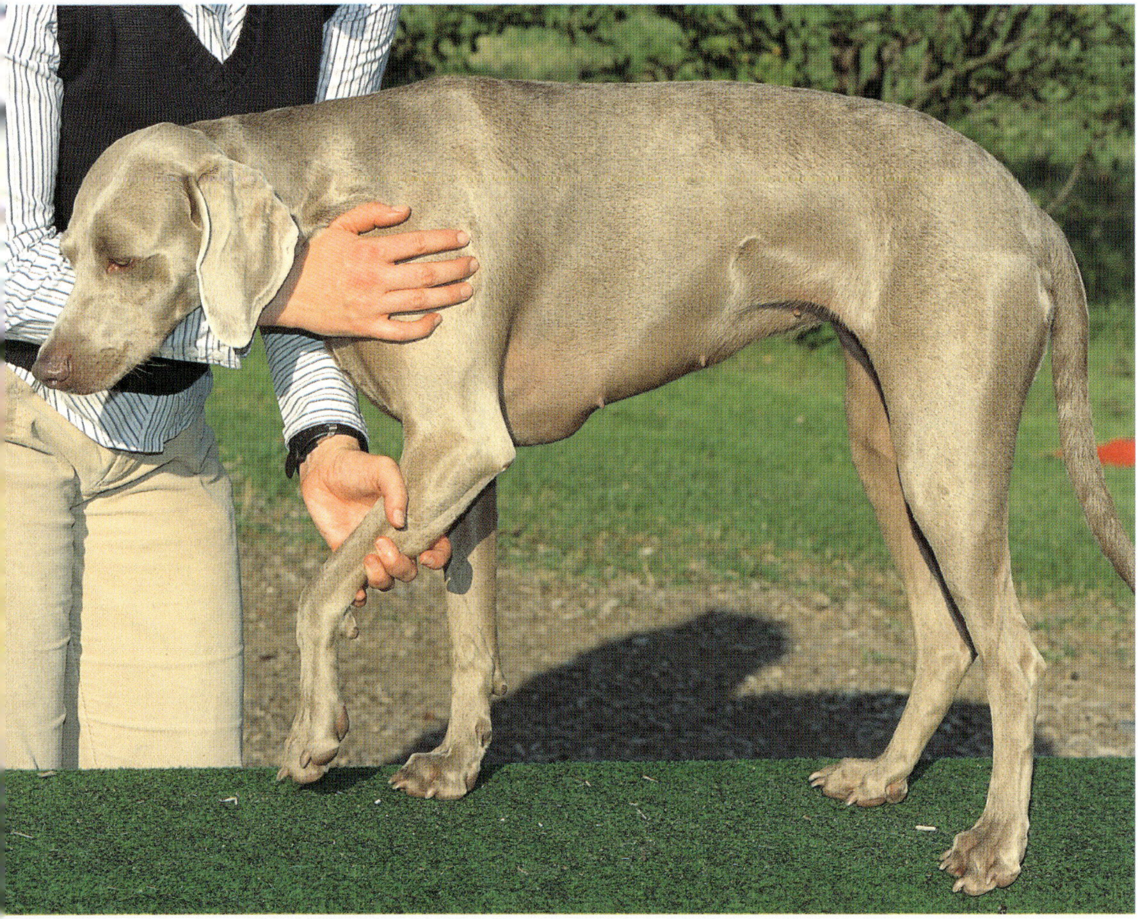

Das Anheben der Pfote gehört zu den isometrischen Übungen und sorgt für eine Muskelkräftigung des Beins auf der Gegenseite.

ben der Pfote erfolgt eine isometrische Belastung des gegenseitigen Beins mit dem Effekt einer Muskelkräftigung, ohne dass unter Belastung eine Gelenkbewegung erforderlich ist. Um die isometrische Kräftigung zu erzielen, muss die Belastung vom Hund einige Sekunden gehalten werden. Die Dauer hängt von der Belastbarkeit der Gliedmaße ab und variiert von drei bis 30 Sekunden. Die Übung wird pro Gliedmaße drei- bis achtmal wiederholt. Um die Übung zu erschweren, kann der Kopf des Hundes mit einem Leckerchen nach vorn unten gelockt werden.

Wackelbrett

Der Hund steht mit beiden Vorderpfoten auf dem Brett, der Behandler fixiert das Brett mit den Händen und kippt es abwechselnd vorsichtig nach rechts und links, nach vorn und nach hinten.

Wichtig ist, das Brett nicht unkontrolliert kippen zu lassen, sondern immer die Bewegung des Brettes zu kontrollieren.

Die Übung schult die Koordination und Propriozeption (Wahrnehmung von Zustandsänderungen innerhalb des Körpers) insbesondere der Vorderhand und fördert die normale (Wieder-) Benutzung der Gliedmaße. Die Wackelbrettübung sollte zwischen 30 Sekunden und zwei Minuten dauern und kann zweimal durchgeführt werden.

Die Übung mit dem Wackelbrett erfordert etwas Vorübung mit dem Hund, bevor sie effektiv genutzt werden kann. Zunächst muss der Hund lernen, das Wackelbrett freiwillig zu betreten und darauf mit den Vorderbeinen stehen zu bleiben. Am Anfang sollte das Brett so fixiert werden, dass es nicht kippen kann und fest steht wie ein Podest, damit sich der Hund darauf sicher fühlt. Erst wenn der Hund das feststehende Brett freiwillig betritt und mit den Vorderbeinen darauf stehen bleibt, kann langsam mit dem Kippen des Brettes begonnen werden.

Mögliche Konstruktion eines Wackelbretts

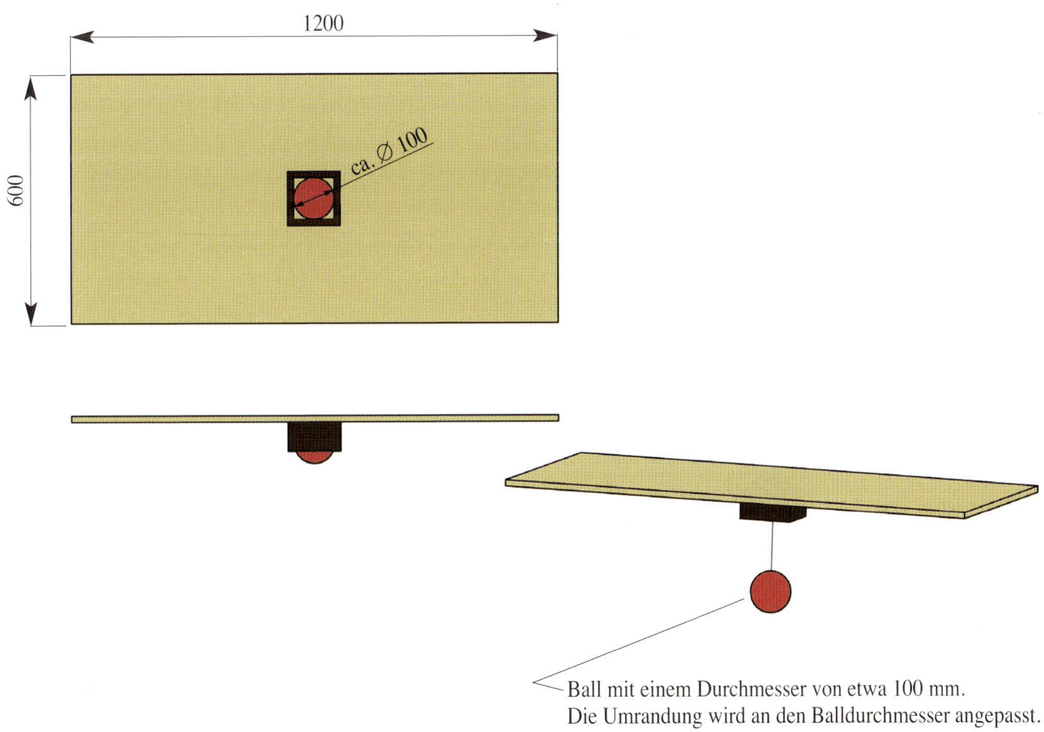

Pfötchengeben im Liegen

Pfötchengeben aus dem Sitzen in einer hohen Position

Pfötchengeben aus dem Sitzen in einer halbhohen Position

Pfötchengeben

Der Behandler bringt den Hund ins Sitz, setzt sich vor den Hund und animiert ihn dann zum Pfötchengeben. Abhängig davon, wie hoch der Behandler seine Hand hält, werden verschiedene Bewegungsradien ausgeführt, daher sollte die Handhaltung während eines Übungszyklus variiert werden. Diese Übung verbessert den aktiven Bewegungsumfang der gesamten Vordergliedmaße. Sie sollte pro Pfote zwischen drei- und zehnmal in unterschiedlichen Höhen wiederholt werden bei zwei Wiederholungssätzen.

Beim sitzenden Hund muss darauf geachtet werden, dass dieser möglichst gerade sitzt und nicht mit der Hinterhand auf eine Seite gerutscht ist. Pfötchengeben kann auch im Liegen durchgeführt werden, wenn der Hund das andere Vorderbein nicht belasten kann oder das andere Vorderbein fehlt. Dazu sollte der Hund auf dem Rücken oder der Seite liegen und wird dann im Liegen dazu animiert, mit der Pfote nach der Hand zu „angeln".

Platz-Sitz-Transfer

Der Behandler bringt den Hund ins Platz und animiert ihn dann zum Beispiel mit einem vor die Nase gehaltenen Leckerchen dazu, sich aus der liegenden Position rückwärts ins Sitz hochzustemmen. Der Hund soll sich dabei mit den Vorderpfoten in einzelnen Schritten hochstemmen und sich nicht ruckartig aus dem Liegen ins Sitz hochkatapultieren. Aus dem Sitz soll sich der Hund dann wieder ins Platz legen, indem er mit den Vorderpfoten vorwärts herrunter krabbelt. Auch hier ist ein ruckartiges Fallenlassen aus dem Sitz ins Platz nicht erwünscht, wie es vielleicht bei der Unterordnung gefordert wird. Diese Übung kräftigt die Muskulatur der Vordergliedmaßen und sollte zwischen fünf- und zehnmal durchgeführt werden, bei anfangs einem, später drei Sätzen.

Beim sitzenden und liegenden Hund muss darauf geachtet werden, dass dieser möglichst gerade sitzt beziehungsweise liegt und nicht mit der Hinterhand auf eine Seite gerutscht ist. Ist der Hund aus der Unterordnungsarbeit den ruckartigen Wechsel von Sitz nach Platz und umgekehrt gewohnt, sollte diese Übung mit dem schrittweisen Wechsel der Position mit einem neuen Kommando aufgebaut werden.

Platz-Steh-Transfer

Der Behandler bringt den Hund ins Platz und animiert ihn dann dazu, sich aus der liegenden Position ins Steh hochzustemmen. Dazu steht der Behandler am besten seitlich auf Höhe des Hundekopfes und lockt den Hund mit einem Leckerchen nach vorn und oben ins Steh. Eventuell muss

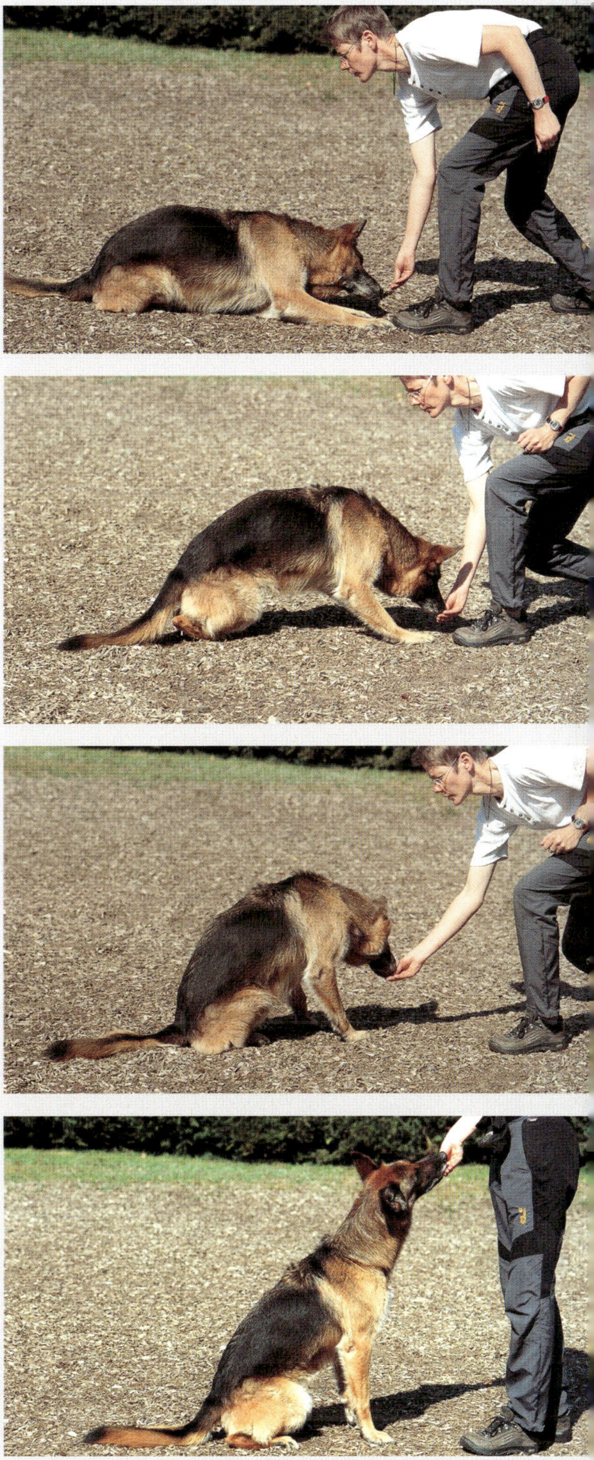

Beim Platz-Sitz-Transfer wird der Hund mit einem Leckerchen langsam aus der liegenden Position rückwärts ins Sitz gelockt.

Der Platz/Steh-Transfer sollte so erfolgen, dass der Hund dabei keine Schritte vorwärts geht, sondern sich mit den Pfoten hochstemmt.

Diese Stellung des Hundes wird als Sphinx-Position bezeichnet. Hierbei sollte er möglichst gerade liegen und nicht mit der Hinterhand auf eine Seite rutschen.

man auch mit einer Hand unter den Hundebauch greifen beziehungsweise den Bauch des Hundes antippen. Anfangs gehen die meisten Hunde bei diesem Positionswechsel einige Schritte vorwärts, insbesondere mit den Hinterpfoten. Dieses Vorwärtsgehen sollte jedoch im Lauf der Zeit abgebaut werden, damit sich der Hund aus dem Platz ins Steh ohne Vorwärtsbewegung der Pfoten hochstemmt. Aus dem Steh soll sich der Hund dann wieder ins Platz legen, indem er sich langsam rück-

Das Schubkarrefahren fördert die Muskulatur der Vorderbeine, ist aber nicht für Hunde mit massiven Rückenproblemen geeignet.

wärts herunterlässt (Sphinx-Position). Der Positionswechsel erfolgt direkt vom Steh ins Platz ohne ein dazwischen geschaltetes Sitz.

Diese Übung kräftigt die Muskulatur der Vorder- und Hintergliedmaßen und wird zwischen fünf- und zehnmal durchgeführt bei anfangs einem, später drei Sätzen.

Beim liegenden Hund muss darauf geachtet werden, dass dieser möglichst gerade liegt und nicht mit der Hinterhand auf eine Seite gerutscht ist.

Schubkarre fahren

Der Behandler hebt die Hinterhand des Hundes an, sodass dieser nur noch auf den Vorderbeinen steht. Dazu greift man entweder mit einer Hand unter den Bauch des Hundes und mit der anderen unter beide Hinterbeine oder mit beiden Händen unter den Bauch und hebt dann die Hinterhand vom Boden ab. Dann schiebt der Behandler den Hund vorwärts, sodass dieser auf den Vorderbeinen läuft.

Diese Übung fordert die Muskulatur der Vordergliedmaßen erheblich und verbessert die Koordination. Sie ist allerdings nicht geeignet für Hunde mit massiven Rückenproblemen oder Hunde, die das Vorderbein nicht gut nach vorn strecken können.

Die Übung erfordert schon eine gute muskuläre Kraft und sollte mit drei bis vier Schritten vorwärts begonnen werden und im weiteren Verlauf bis auf eine Strecke von etwa 15 Meter auftrainiert werden. Es muss darauf geachtet werden, den Rücken des Hundes gut zu unterstützen und nicht durchhängen zu lassen. Insgesamt sollte der Hund nicht zu weit vom Boden abgehoben werden, um den Rücken und die Hüfte nicht zu überstrecken.

Rückwärtsgehen

Sie knien seitlich von Ihrem stehenden Hund. Nehmen Sie ein Leckerchen und bewegen es zwischen den Vorderläufen unter der Brust in Richtung Hinterläufe. Sobald Ihr Hund einen Hinterlauf nach hinten setzt, belohnen Sie ihn. Sie wiederholen die Übung und belohnen den Hund, wenn er beide Hinterläufe nach hinten gesetzt hat.

Sie selbst sollten an Ihrem Ausgangsort bleiben und bewegen den Hund von dort nach hinten und vorn. Der Hund macht circa drei Schritte nach vorn und nach hinten.

Anfangs wird Ihr Hund möglicherweise versuchen seitlich auszuweichen. Dann gehen Sie an einen Platz, wo er nicht ausweichen kann, wie zum Beispiel neben einer Wand oder einem Schrank. Gehen Sie behutsam und mit viel Geduld an diese Übung.

Auch an dieser Stelle sei daran erinnert, dass der Hund gebremst werden muss, wenn er die Aufgabe verstanden hat. Im Unterschied zum Dogdancing soll der Hund in der Gymnastik langsam rückwärts gehen, denn sobald der Hund anfängt schnell zu arbeiten, wird er schummeln.

Das Rückwärtsgehen ist eine wichtige Übung für die Koordination des Hundes und um die Wiederbelastung einer Gliedmaße zu erlernen. Oft kann man mit dieser Übung den Hund dazu bringen, die Gliedmaße wieder sinnvoll zu benutzen, auch wenn der Hund schon länger auf drei Beinen läuft beziehungsweise eine Pfote stark entlastet. Man beginnt mit ein bis drei Schritten rückwärts und steigert die Anzahl von einer Wiederholung bis fünf.

Schritttraining

Der Schritt ist die langsamste Gangart des Hundes und zeigt eine „rollende" Pfotenfolge, zum Beispiel hinten rechts, vorn rechts, hinten links, vorn links. Bei dieser Viertaktgangart werden nacheinander alle Gliedmaßen gleichmäßig belastet. Dadurch eignet sie sich besonders, um die Wiederbelastung einer Gliedmaße zu trainieren, entlastendes Schonhinken zu vermeiden und ein physiologisches Gangbild zu trainieren.

Das Schritttraining gehört zu den wichtigsten Übungen. Hierbei wird die Feinmuskulatur des Hundes beansprucht. Wenn Sie einen kurzhaarigen Hund haben und genau auf die Muskulatur achten, können Sie sehen, wie während des

Trainings die einzeln beanspruchten Muskeln und Muskelgruppen hervortreten.

Beobachten wir unsere Hunde, werden wir feststellen, dass sie nur ganz selten im Schritt gehen, meistens nur kurz beim „Zeitunglesen“. Es ist zu anstrengend über einen längeren Zeitraum langsam zu gehen, denken wir nur an einen Stadtbummel.

Zuerst muss der Hund lernen, dieses langsame Tempo zu gehen und dabei auch noch den Kopf hoch zu tragen und nicht gelangweilt am Boden herumzuschnüffeln. Der Behandler führt den Hund angeleint im langsamen Schritt spazieren. Dabei muss er darauf achten, dass der Hund wirklich Schritt geht und nicht in den Trab oder Pass wechselt. Hunde mit Schonhinken gehen nur ungern Schritt und versuchen oft in eine andere Gangart auszuweichen. Häufig trabt der Hund dann an der Leine einige Schritte an und bleibt am Ende der Leine stehen. Diese Stopp-and-Go-Bewegung sollte unbedingt vermieden werden. Oder er setzt sich hin, wenn er Schritt gehen soll. Deshalb ist am Anfang viel Geduld gefragt.

Doch Vorsicht – üben Sie nicht zu lange mit dem Hund. Sie beginnen mit einer Minute und steigern, wenn der Hund diese eine Minute gut geht. Zu viel des Guten kann zum Muskelkater führen und der wird auch von unseren Hunden als überaus unangenehm empfunden.

Vorsichtig aufgebaut kann der Hund bis zu 15 Minuten im Schritt gehen. Das Schritttraining kann auf den täglichen Spaziergängen eingebaut werden. Es sollte auf glattem, ebenem, nicht zu hartem Untergrund durchgeführt werden.

Beenden Sie das Training immer, indem Sie Ihren Hund noch einige Meter traben lassen. Das lockert nicht nur die Muskulatur Ihres Hundes, sondern hebt auch seine Laune.

Schritttraining auf wechselndem Untergrund

Klappt das Schritttraining auf ebenem, glattem Untergrund, kann der Untergrund variiert werden, um die Koordination, die Balance und die gleichmäßige Pfotenbenutzung zu fördern. Der Untergrund sollte wechseln von glatt und eben (Asphalt) zu weich und eben (Waldboden, tiefe Böden), etwas uneben (Schotterweg), uneben (Wege mit Löchern, Auswaschungen, größeren Steinen, Wurzeln), rutschig (immer nur kurze Strecken) und Kombinationen von alldem. Beginnt man das Schritttraining auf wechselnden Untergründen, sollte man die zeitlichen Anforderungen an den Hund wieder etwas zurückschrauben, da dieses Training für den Hund anstrengender ist. Schafft der Hund beispielsweise bereits zehn Minuten normales Schritttraining, empfiehlt es sich, mit fünf Minuten auf wechselndem Untergrund zu beginnen. Der Hund sollte schon mindestens fünf Minuten an einem Stück Schritt gehen können, bevor man mit wechselndem Untergrund beginnt.

Schritttraining am Hügel oder diagonal

Der Hund wird im Schritt bergab geführt, um die Muskulatur der Vorderhand und die Rumpfmuskulatur zu kräftigen. Sie können den Hund im

Das Schritttraining am Hügel lässt sich gut mit einem Spaziergang verbinden.

Schritttraining diagonal

Schritttraining an einem Hügel

Zickzack, geradeaus oder schräg hinunter führen oder Sie kombinieren alle drei Richtungen miteinander. Bergabgehen verlagert mehr Gewicht auf die Vorderhand des Hundes und fördert den Muskelaufbau der Vorderhand, belastet diese aber auch stärker, sodass dieses Training erst begonnen werden darf, wenn das normale Schritttraining gut und reibungslos klappt und der Hund schon einen gewissen Trainingsstand erreicht hat. Im Zweifelsfall sollten Sie sich mit Ihrem Tierarzt besprechen oder Ihren Hundephysiotherapeuten fragen, ob diese Übung für Ihren Hund sinnvoll ist.

Auch hier müssen Sie den Hund an der Leine führen, da er sonst wahrscheinlich Galoppsprünge machen wird, um schneller und mit weniger Anstrengung den Berg hinunterzukommen. Auch hier beginnen sie mit einer Minute und steigern nach Plan. Das Schritttraining an Steigungen lässt sich nicht nur im Gebirge durchführen, sondern eigentlich überall. Als Steigung eignen sich Deiche (sofern diese betreten werden dürfen), Uferböschungen, aber auch Rampen und längere Treppen sowie natürlich sanftere Steigungen. Diese Übung lässt sich hervorragend in einen Spaziergang integrieren.

Bei den Behandlungsplänen für die verschiedenen Erkrankungen erfolgt das Schritttraining in zwei Varianten, wie sie in den folgenden Tabellen beschrieben werden.

Schritttraining 1

Woche	Dauer der Schrittphasen	Untergrund	Anzahl während des Spaziergangs
1. Woche	1 Minute	eben (Asphalt, Straße, Feldweg)	5 bis 6
2. Woche	2 Minuten	eben (Asphalt, Straße, Feldweg)	4
3. Woche	3 Minuten	eben (Asphalt, Straße, Feldweg)	4
4. Woche	5 Minuten	eben (Asphalt, Straße, Feldweg)	4, verteilt auf zwei Spaziergänge

Schritttraining 2

Woche	Dauer der Schrittphasen	Untergrund	Anzahl während des Spaziergangs
1. Woche	1 Minute	abwechselnd eben, weich, tief, sandig	5 bis 6
2. Woche	3 Minuten	abwechselnd eben, weich, tief, sandig	4
3. Woche	5 Minuten	abwechselnd eben, weich, uneben (Stoppelfeld, Schotterwege, Asphalt)	3
4. Woche	5 Minuten	abwechselnd eben, weich, uneben (Stoppelfeld, Schotterwege, Asphalt)	4

Trabtraining

Der Trab ist eine diagonal symmetrische Gangart, die eine symmetrische Belastung der Gliedmaßen und ein rhythmisches Gangbild voraussetzt und fördert. Es ist ein Zweitaktgang, das heißt, zwei Pfoten befinden sich auf dem Boden und zwei schweben. Dabei benutzt der Hund die Beine gegengleich: Rechter Hinterlauf und linker Vorderlauf, linker Hinterlauf und rechter Vorderlauf werden jeweils gleichzeitig aufgesetzt. Der Trab ist eine Gangart, in welcher der Hund am längsten durchhält, auch schon mal einige Stunden. Der Trab beansprucht die gesamte Muskulatur des Hundes, insbesondere aber auch die Rückenmuskulatur. Im Unterschied zum Schritt, bei dem die Rückenmuskeln eher entspannt sind, wird die Arbeit der Vorder- und Hintergliedmaßen durch die Rückenmuskulatur verstärkt. Die symmetrische Bewegung wirkt den Beschwerden, die durch die asymmetrische Belastung bei Schonung einer Gliedmaße entstehen, entgegen.

Egal ob Schritt- oder Trabtraining durchgeführt wird – der Hund sollte möglichst nicht in den Pass wechseln.

An dieser Stelle seien noch einige Hinweise zum Passgang gegeben. Auch diese Bewegung ist ein Zweitaktgang, bei dem die Vorder- und Hinterläufe nicht diagonal, sondern seitengleich arbeiten: hinten rechts und vorn rechts, hinten links und vorn links. Der Pass ist als Training nur bedingt geeignet, da er ein Entlastungsgang ist, der den Hund wenig anstrengt und bei dem gut eine (schmerzhafte) Gliedmaße geschont werden kann. Häufig beobachtet man den Pass, wenn der Hund vor sich hintrottelt. Er wechselt dann meistens übergangslos zwischen Trab und Pass. Der Passgang kann aber auch darauf hindeuten, dass der Hund Schmerzen hat und zur Entlastung diese Gangart wählt.

Wir erwähnen den Passgang nur der Vollständigkeit halber. Für das Muskulatur- und Konditionstraining spielt er nur dann eine Rolle, wenn der Hund ständig in dieser Gangart läuft. Sollten Sie Schwierigkeiten haben zu erkennen, welche Gangart Ihr Hund geht, hilft Ihnen Ihr Tierarzt oder Physiotherapeut sicher gern weiter.

Auch das Trabtraining sollte an der Leine durchgeführt werden, um den Hund daran zu hindern, die Geschwindigkeit selbst zu wählen und zum Beispiel in den Galopp oder in den Pass zu wechseln. Der Rücken des Hundes ist gestreckt, der Kopf wird mittel bis hoch getragen. Die Geschwindigkeit, mit der Sie sich bewegen müssen, um den Hund in den Trab zu bringen und im Trab zu halten, hängt ausschließlich von seiner Größe ab: Haben Sie einen kleinen Hund wie zum Beispiel einen Papillon, müssen Sie wahrscheinlich nur größere Schritte machen. Ist es aber ein großer Hund wie zum Beispiel ein Rhodesian Ridgeback, werden Sie joggen müssen. Die Geschwindigkeit bestimmen ausschließlich die körperlichen Voraussetzungen Ihres Hundes!

Für das Trabtraining wählen wir weiche Untergründe wie zum Beispiel Waldwege. Asphaltierte Wege sind wegen der hohen Stoßbelastung auf die Gelenke eher zu meiden.

Der Trab ist auch als Gangart für das Aufwärmtraining vor sportlichen Aktivitäten zu wählen. Und wenn Sie Ihren Hund während der Gymnastik auflockern und aufmuntern wollen, lassen Sie ihn auch ein bisschen traben.

Bei einem untrainierten Hund beginnt man mit ein bis drei Minuten Trab im Wechsel mit Schritt- und Freilaufsequenzen und baut das Training dann systematisch aus, wie es in den Behandlungsplänen angegeben wird.

Cavaletti-Arbeit

Die Cavaletti-Arbeit fördert die Koordination, die Konzentration, das Körperbewusstsein und den gleichmäßigen Einsatz aller Gliedmaßen und ist anstrengende Muskelarbeit. Der Hund soll bei dieser Übung lernen, langsam und die vier Beine nacheinander einsetzend über ein Hindernis zu steigen, ohne gegen das Hindernis zu treten oder sich draufzustellen. Es ist eine Übung, die Sie mit dem Hund zusammen durchführen können. Sie können ihn aber auch allein arbeiten lassen.

Wenn Sie die Möglichkeit haben, nutzen Sie die Hürden auf Ihrem Hundeplatz. Sind Sie kein aktives Vereinsmitglied, lassen sich die Hürden auch leicht aus im Haushalt befindlichen Gegen-

Bei der Cavaletti-Arbeit soll der Hund langsam über die Stangen steigen und so nacheinander Vorder- und Hinterläufe einsetzen. Dies fördert die Koordination und das Körperbewusstsein.

ständen bauen. So ergibt zum Beispiel ein auf Ziegelsteine oder einen zugeklebten Schuhkarton gelegter Besenstiel eine Hürde, die man sogar noch in der Höhe variieren kann, wenn man den Ziegelstein respektive den Schuhkarton dreht. Oder Sie lassen sich von unserer Bauanleitung inspirieren (die Maße passen für einen mittelgroßen bis großen Hund).

Diese Variohürden lassen sich durch einfaches Drehen in der Höhe variieren.

Aber die einfachste Methode ohne Hilfsmittel ist die folgende: Setzen Sie sich auf den Boden und spreizen Sie Ihre Beine. Nehmen Sie ein Leckerchen in die Hand und animieren Sie Ihren Hund, über Ihre Beine zu steigen. Im Drübergehen geben Sie dem Hund ein entsprechendes Hörzeichen, zum Beispiel „Steigen". Belohnen Sie Ihren Hund immer dann, wenn er Ihre Beine übersteigt. Stellt er sich drauf, gibt es keine Belohnung. Fangen Sie langsam an, belohnen Sie schon, wenn Ihr Hund

Bauanleitung für eine Variohürde

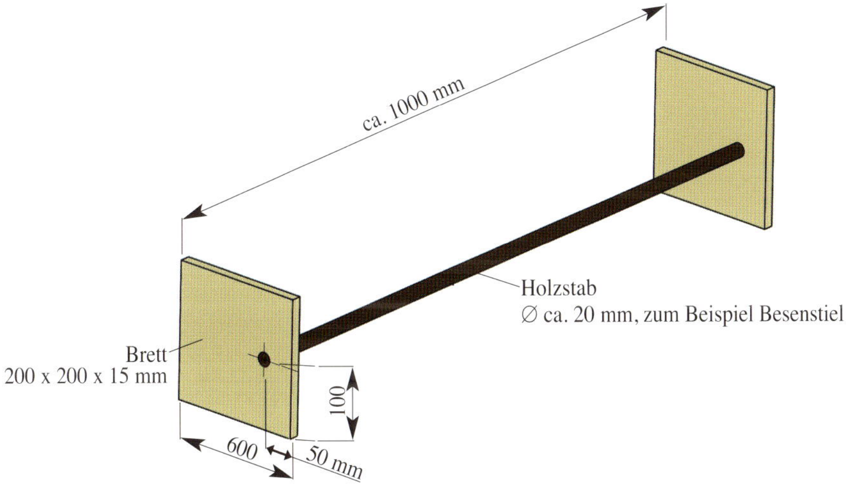

Die Cavaletti-Arbeit lässt sich auch ohne Geräte durchführen, indem der Hund über die Beine des auf dem Boden sitzenden Menschen steigt.

nur ein Bein über Ihres gehoben hat. Mit der Belohnung steigen das Interesse und die Bereitschaft des Hundes, mit Ihnen zu arbeiten.

Haben Sie sich eine Hürde gebastelt oder nutzen Sie die auf ihrem Hundeplatz, gehen Sie wie folgt vor: Zuerst muss die Höhe der zu arbeitenden Stange richtig sein. Dazu stellen Sie Ihren Hund an die Hürde und schauen, auf welcher Höhe sich der Ellenbogen und das Karpalgelenk Ihres Hundes befinden. Etwa in der Mitte zwischen diesen beiden Höhen legen Sie die Stange auf. Ist die Hürde höher, wird der Hund springen und nicht mehr steigen. Bei auf dem Boden liegenden Stangen treten die Hunde dagegen leicht auf die Stangen, die dann wegrollen. Das ist für sie unangenehm und verleidet einem Hund, der ohnehin gerade Probleme am Bewegungsapparat hat, diese Übung. Daher sollte man liegende Stangen vermeiden.

Anfangs legen Sie die Stange schräg auf, sodass der Hund zu Beginn die Beine nur ein wenig anheben muss, um über die Stange zu kommen. Sie gehen mit Ihrem Hund zusammen über die Stange und geben ihm dabei das Hörzeichen „Steigen". Achten Sie darauf, dass Sie sich auch ganz langsam bewegen, um den Hund auf diese Art an einem Vorpreschen und Springen zu hindern. Beim Steigen mit dem Hund arbeiten Sie möglichst ohne Leckerchen, zeigen Sie statt dessen mit dem Finger auf die Stange, fordern den Hund dazu auf hoch zu schauen und zu steigen. Sollte Ihr Hund trotzdem nicht steigen, ist das Helfen mit Leckerchen natürlich nicht verboten.

Auch bei dieser Übung ist es wichtig, dass Ihr Hund langsam arbeitet. Sobald der Hund sicher im

Steigen ist, wird er auch hier versuchen schnell zu arbeiten. Hindern Sie Ihren Hund daran, indem Sie sich selbst ruhig und langsam bewegen.

Das Einsetzen des Hörzeichens kann auch anderweitig nützlich sein. Hat der Hund gelernt, beim Steigen über ein Hindernis ein Bein nach dem anderen zu setzen, können Sie es auch im Alltag verwenden. Wenn sich der Hund zum Beispiel langsam ins Auto bewegen und nicht hineinspringen soll, sagen Sie „Steigen" und Ihr Hund wird es tun.

Man beginnt bei dieser Übung zunächst mit einer Stange, um den Hund langsam daran zu gewöhnen, und nimmt im Verlauf weitere Stangen hinzu. Optimal ist eine Anzahl von fünf parallelen Stangen bei drei bis fünf Wiederholungen. Die Schwierigkeit dieser Übung kann gesteigert werden, indem die Stangen nicht mehr parallel zueinander stehen, sondern schräg versetzt, das erfordert ein verbessertes Körpergefühl. Auch die Höhe der Stangen kann dann variiert werden, um die Aufmerksamkeit zu fördern.

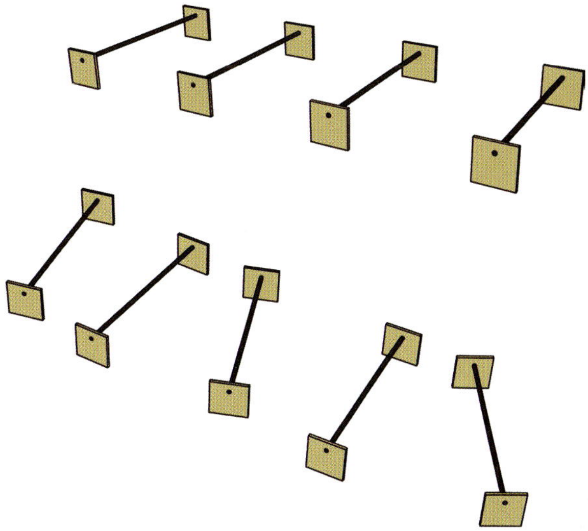

Beispiele für eine Anordnung von mehreren Variohürden

Vorderhand-erkrankungen und ihre Behandlungspläne

Im Folgenden werden einzelne Erkrankungen der Vorderhand und dafür empfohlene Behandlungspläne beschrieben. Die Vorschläge orientieren sich jeweils an dem typischen Krankheitsverlauf und müssen gegebenenfalls an Ihren Hund angepasst werden (zum Beispiel durch Ihren Tierarzt oder Physiotherapeuten). Die Ausführung der einzelnen Übungen wurde bereits ausführlich beschrieben.

Arthrose der Vordergliedmaße

➲ Diagnose

Arthrose der Schulter, des Ellenbogens oder des Karpalgelenks

➲ Ursache

Folge von andauernden Fehl- und Überbelastungen durch angeborene Fehlstellungen, Dysplasien oder nach Unfällen mit Gelenkbeteiligung

➲ Symptome

Mehr oder weniger deutliches Lahmen, Bewegungsunlust, verändertes Sozialverhalten, Berührungsempfindlichkeit der betroffenen Region, Muskelabbau

➲ Folgen

Durch Entlastung der betroffenen Struktur langfristig oft Probleme an den anderen Gliedmaßen, da diese kompensatorisch überbelastet werden

➲ Behandlungsmöglichkeiten

Konservativ: Zum Muskulaturerhalt und -aufbau, Erhalt der Gelenksbeweglichkeit und -funktion sowie zur Schmerzstillung ist eine langfristige physiotherapeutische Behandlung notwendig und sinnvoll, zudem werden in Absprache mit dem Tierarzt schmerzstillende und entzündungshemmende Medikamente gegeben

Behandlungsplan

Zeitraum	Maßnahmen	Häufigkeit der Maßnahmen
1. bis 14. Tag	Schritttraining 1	täglich mehrmals kurze Einheiten
	Massage	täglich, möglichst als Ganzkörpermassage
	Rotlicht	täglich (nicht bei akuten Entzündungen)
	Pfoten anheben	täglich beide Vorderpfoten im Wechsel zwischen 3 und 10 Sekunden bei 3 Wiederholungen
	Pfötchen geben	3-mal täglich
	Gewichtsverlagerung vorn – hinten	täglich 2- bis 3-mal
15. bis 28. Tag	Schritttraining 1	täglich
	Massage	täglich
	Pfoten anheben	täglich alle vier Pfoten, zwischen 3 und 10 Sekunden bei 3 Wiederholungen
	Pfötchen geben	3-mal täglich
	Cavaletti-Arbeit	täglich, 6 Stangen bei 1 Wiederholung
	Sitz/Platz	täglich, 2- bis 3-mal morgens, abends
	Platz/Steh	täglich, 2- bis 3-mal morgens, mittags, abends

Zeitraum	Maßnahmen	Häufigkeit der Maßnahmen
29. bis 42. Tag	Schritttraining 2	täglich kurze Einheiten beim Spaziergang, auf mehrere Spaziergänge verteilen
	Massage oder Rotlicht	im Wechsel täglich
	Pfötchen geben	3- bis 5-mal täglich
	Trabtraining	alle 2 Tage
	Sitz/Platz	täglich, 3-mal morgens, mittags, abends
	Platz/Steh	täglich, 3-mal morgens, mittags, abends
	Cavaletti-Arbeit	2-mal pro Woche, 6 Stangen bei 2 bis 3 Wiederholungen
	Slalom	2-mal pro Woche

Ellenbogengelenksdysplasie (ED)

➲ Diagnose

Ellenbogengelenksdysplasie (ED)

➲ Ursache

Vermutlich anlagebedingt als isolierter Processus anconäus und fragmentierter Processus coronoideus. (Als Processus wird im Allgemeinen eine Art „Knochenvorsprung" im Ellenbogengelenk bezeichnet.)

➲ Symptome

Gemischte Lahmheit im Wachstumsalter, Schwellung des Ellenbogengelenks, Fehlhaltung der Pfote und des Unterarms zur Entlastung (abhängig von der Erkrankung)

IPA (Isolierter Processus Anconäus): Abspreizen von Pfote und Unterarm, Abspreizen des Ellenbogens

FPC (Fragmentierter Processus Coronoideus): Abspreizen der ganzen Gliedmaße ab dem Ellenbogen

➲ Folgen

In Abhängigkeit von der Nachbehandlung langfristig leichte bis schwerste Arthrosen möglich

➲ Behandlungsmöglichkeiten

Operativ: frühzeitige operative Versorgung der Wachstumsprobleme erforderlich

Konservativ: Nachsorge nach erfolgter Operation sowie im späteren Verlauf Behandlung sich entwickelnder Arthrosen durch Physiotherapie

Bei der Ellenbogengelenksdysplasie handelt es sich um eine Erkrankung, die oft operativ behandelt werden muss.

Die folgende Therapie kann etwa zwei Wochen nach einer Operation in Absprache mit Ihrem Tierarzt begonnen werden.

Behandlungsplan

Zeitraum	Maßnahmen	Häufigkeit der Maßnahmen
1. bis 14. Tag	Schritttraining 1	täglich
	Massage	täglich
	Pfoten anheben	täglich alle vier Pfoten, zwischen 3 und 10 Sekunden bei 3 Wiederholungen
	Pfötchen geben	3-mal täglich
	Gewichtsverlagerung vorn – hinten	täglich 2- bis 3-mal
15. bis 28. Tag	Schritttraining 1	täglich
	Massage	täglich
	Pfoten anheben	täglich alle vier Pfoten, zwischen 3 und 10 Sekunden bei 3 Wiederholungen
	Pfötchen geben	3-mal täglich
	Cavaletti-Arbeit	täglich, 6 Stangen bei 1 Wiederholung
	Sitz/Platz	täglich, 3-mal morgens, abends
	Platz/Steh	täglich, 3-mal morgens, mittags, abends
29. bis 42. Tag	Schritttraining 2	täglich
	Massage	alle 2 bis 3 Tage
	Pfötchen geben	3- bis 5-mal täglich
	Trabtraining	alle 2 Tage
	Sitz/Platz	täglich, 5-mal morgens, mittags, abends
	Platz/Steh	täglich, 5-mal morgens, mittags, abends
	Cavaletti-Arbeit	täglich, 6 Stangen bei 2 bis 3 Wiederholungen

Bizepssehnenendopathie

➲ Diagnose

Bizepssehnenendopathie (Insertionsendopathie)

➲ Ursache

Meist mechanische Ursache, zum Beispiel bei OCD (Osteochondrosis dissecans), Überbeanspruchung oder arthrotischen Veränderungen

➲ Symptome

Oft nur geringe bis mittelgradige Lahmheit, die ständig wiederkehrt. Es fällt auf, dass der Hund es vermeidet, das Bein in der Schulter komplett zu strecken.

➲ Folgen

Oft chronische Verläufe, operative Behandlung teilweise möglich, oft auch im Verlauf kompensatorische Überlastung anderer Strukturen

➲ Behandlungsmöglichkeiten

Konservativ: Akut – Ruhigstellung, medikamentöse Linderung der Entzündung, Trainingstherapie nach Abklingen der Beschwerden zum Muskelaufbau sinnvoll

Chronisch – Physiotherapie zur Linderung von später auftretenden Folgeproblemen durch lang dauernde Fehlbelastung der betroffenen Pfote (meist Rücken und Gegenseite), Linderung der Schmerzen; Stoßwellentherapie in spezialisierten Zentren

Operativ: Durchtrennung der Sehne und Refixierung

Behandlungsplan

Zeitraum	Maßnahmen	Häufigkeit der Maßnahmen
1. bis 7. Tag	Schritttraining 1	täglich
	Massage	täglich
	Pfoten anheben	täglich alle vier Pfoten 5 bis 20 Sekunden bei 3 Wiederholungen pro Seite je nach Leistungsfähigkeit
	Gewichtsverlagerung diagonal	täglich 3 bis 5 Sekunden bei 3 Wiederholungen pro Seite
	Gewichtsverlagerung vorn – hinten	täglich 2- bis 3-mal; auf langsame Ausführung achten

Zeitraum	Maßnahmen	Häufigkeit der Maßnahmen
8. bis 14. Tag	Schritttraining 1	täglich
	Massage	täglich
	Pfoten anheben	täglich alle vier Pfoten 15 bis 30 Sekunden bei 3 Wiederholungen pro Seite je nach Leistungsfähigkeit
	Gewichtsverlagerung diagonal	täglich 5 bis 10 Sekunden bei 3 Wiederholungen pro Seite
	Gewichtsverlagerung vorn – hinten	täglich 5-mal; auf langsame Ausführung achten
15. bis 28. Tag	Schritttraining 1	täglich
	Massage	täglich
	Pfötchen geben	3- bis 5-mal täglich; eventuell mit leichten Gewichten von 50 bis 100 Gramm
	Pfoten anheben	täglich alle vier Pfoten 15 bis 30 Sekunden bei 3 Wiederholungen pro Seite je nach Leistungsfähigkeit
	Sitz/Platz	täglich, 3-mal morgens, abends
	Platz/Steh	täglich, 3-mal morgens, mittags, abends
29. bis 42. Tag	Schritttraining 2	alle 2 Tage
	Trabtraining	alle 2 Tage, beginnend mit einigen Minuten
	Massage	alle 2 bis 3 Tage
	Pfoten anheben	täglich alle vier Pfoten 15 bis 30 Sekunden bei 3 Wiederholungen pro Seite je nach Leistungsfähigkeit
	Sitz/Platz	täglich, 5-mal morgens, mittags, abends
	Platz/Steh	täglich, 5-mal morgens, mittags, abends

Osteochondrosis dissecans (OCD)

➲ Diagnose

Osteochondrosis dissecans (OCD)

➲ Ursache

Vermutlich anlagebedingt bei schnellwüchsigen Hunden, oft auch gefördert durch energiereiche Fütterung, Knorpelwachstumsstörung mit möglicher Ablösung einer Knorpelschuppe im Gelenk

➲ Symptome

Gemischte Lahmheit, Bild abhängig vom betroffenen Gelenk, Schwellung des Gelenkes

➲ Folgen

Operatives Eingreifen erforderlich, Futterumstellung, oft in Folge spätere Arthrose des betroffenen Gelenkes

➲ Behandlungsmöglichkeiten

Operativ: Arthroskopische Entfernung der Knorpelschuppe, Anbohrung des Knorpels in frühen Stadien

Konservativ: Nachsorge nach erfolgter Operation sowie im späteren Verlauf Behandlung sich entwickelnder Arthrosen durch Physiotherapie

Bei der OCD handelt es sich um eine Erkrankung des Gelenkknorpels, die oft nur operativ zu behandeln ist und die eine sehr vielschichtige Symptomatik bietet. Je nachdem, an welchem Gelenk sie lokalisiert ist, erfordert sie eine andere Behandlung. Ein umfassender Behandlungsplan ist daher nicht möglich. Viele der oben geschilderten Übungen können jedoch auch bei der OCD durchgeführt werden. Welche genau und in welchem Ausmaß sollten Sie unbedingt mit Ihrem Tierarzt und Physiotherapeuten absprechen.

Die folgende Therapie kann unabhängig vom Gelenk etwa zwei Wochen nach einer Operation begonnen werden, sollte aber noch in Absprache um weitere Übungen ergänzt werden.

Behandlungsplan

Maßnahmen	Häufigkeit der Maßnahmen
Schritttraining 1	täglich
Massage	täglich
Pfoten anheben	täglich alle vier Pfoten zwischen 3 und 10 Sekunden bei 3 Wiederholungen
Gewichtsverlagerung diagonal	täglich 3 bis 5 Sekunden bei 3 Wiederholungen pro Seite; den Hund nicht aus dem Gleichgewicht bringen
Gewichtsverlagerung vorn – hinten	täglich 2- bis 3-mal

Sehnenverletzungen der Pfoten

➲ Diagnose

Ruptur/Durchtrennung der oberflächlichen und tiefen Beugesehne

➲ Ursache

Oft Unfälle (Schnittverletzungen), aber auch degenerativ

➲ Symptome

Geringgradige bis schwere Lahmheit, Hochstand des Krallenbeins (tiefe Beugesehne) beziehungsweise Hochstand der ganzen Zehe (oberflächliche Beugesehne)

➲ Folgen

Häufig spätere Probleme am Bewegungsapparat durch kompensatorische Gewichtsverlagerung

➲ Behandlungsmöglichkeiten

Konservativ: Nachbehandlung einer chirurgischen Rekonstruktion, Physiotherapie zur Linderung von später auftretenden Folgeproblemen durch Fehlbelastung der betroffenen Pfote (meist Rücken und Gegenseite)

Operativ: Bei frischer Ruptur oder Durchtrennung operative Rekonstruktion ratsam

Nach der Ruhigstellungsphase (von etwa drei bis sechs Wochen) zielt das Training darauf ab, möglichst rasch eine Wiederbelastung der betroffenen Gliedmaße zu ermöglichen, Bewegungseinschränkungen rückgängig zu machen und ein physiologisches Gangbild wiederherzustellen.

Behandlungsplan

Zeitraum	Maßnahmen	Häufigkeit der Maßnahmen
1. bis 28. Tag	Schritttraining 1	täglich
	Trabtraining	ab der 2. Woche nach Ende der Ruhigstellung mit kurzen Einheiten von 1 bis 3 Minuten beginnen
	Rotlicht	Rückenmuskulatur täglich
	Pfoten anheben	täglich alle vier Pfoten, zwischen 3 und 10 Sekunden bei 3 Wiederholungen
	Gewichtsverlagerung vorn – hinten	täglich 2- bis 3-mal
4. bis 8. Woche	Schritttraining 2	täglich
	Trabtraining	weiter steigern
	Rückwärts gehen	täglich
	Schubkarre fahren	täglich
	Cavaletti-Arbeit	täglich, 6 Stangen bei 2 bis 3 Wiederholungen

Vorderbeinamputation

➲ Diagnose

Zustand nach Amputation eines Vorderbeins

➲ Ursache

Oft durch schwere Verkehrsunfälle, aber auch durch Tumoren

➲ Symptome

Verändertes Gangbild durch fehlendes Bein

➲ Folgen

Häufig Probleme am Bewegungsapparat durch Überlastung des restlichen Bewegungsapparates, oft auch durch Verletzungen im Rahmen eines schweren Unfalls

Diesem Hund wurde das rechte Vorderbein amputiert, wie am zweiten Foto deutlich zu erkennen ist. Physiotherapeutische Übungen tragen zum Aufbau der Muskulatur, zur Schmerzlinderung und zu einer verbesserten Beweglichkeit und Mobilität bei. (Fotos: Werner Lau)

➲ Behandlungsmöglichkeiten

Konservativ: Verminderung von Fehlstellungen durch die andauernde Fehlbelastung mit Hilfe von physiotherapeutischen Techniken, durch Muskelaufbau, Schmerzlinderung, Erhalt der Mobilität und Beweglichkeit oder Maßnahmen zur Entlastung der überbelasteten Muskulatur

Behandlungsplan

Zeitraum	Maßnahmen	Häufigkeit der Maßnahmen
1. bis 7. Tag	Schritttraining 1	täglich
	Massage	täglich der nun überlasteten, kompensatorischen Muskulatur, insbesondere Rücken
	Gewichtsverlagerung vorn – hinten	täglich 2- bis 3-mal
	Isometrie diagonal	täglich 3 Sekunden bei 3 Wiederholungen
	Pfötchen geben	täglich 3- bis 5-mal mit der verbliebenen Pfote (liegend)
8. bis 14. Tag	Schritttraining 1	täglich
	Massage	täglich
	Pfötchen geben	täglich 3- bis 5-mal mit der verbliebenen Pfote (liegend)
	Isometrie diagonal	täglich 5 Sekunden bei 3 Wiederholungen
	Platz/Steh	täglich, 2-mal morgens, mittags, abends
15. bis 28. Tag	Schritttraining 1	täglich
	Massage	täglich
	Pfötchen geben	täglich 3- bis 5-mal mit der verbliebenen Pfote (liegend)
	Isometrie diagonal	täglich 10 Sekunden bei 3 Wiederholungen
	Sitz/Steh	täglich, 3-mal morgens, mittags, abends
	Platz/Steh	täglich, 3- bis 5-mal morgens, mittags, abends

Zeitraum	Maßnahmen	Häufigkeit der Maßnahmen
29. bis 42. Tag	Schritttraining 2	täglich, allerdings sollte die Dauer der Schrittphasen langfristig 3 bis 5 Minuten bei 2 Wiederholungen pro Tag nicht überschreiten
	Massage	alle 2 bis 3 Tage
	Pfötchen geben	täglich 3- bis 5-mal mit der verbliebenen Pfote (liegend)
	Isometrie diagonal	täglich 10 Sekunden bei 3 Wiederholungen pro Seite
	Sitz/Steh	täglich, 5-mal morgens, mittags, abends
	Platz/Steh	täglich, 5-mal morgens, mittags, abend

Muskulatur

Verletzung des Plexus Brachialis

Diese letzte vorgestellte Vorderhanderkrankung ist so komplex, dass kein allgemein gültiger Behandlungsplan erstellt werden kann. Allerdings führt eine operative Behandlung zu einer Amputation, sodass der für die Vorderbeinamputation vorgestellte Behandlungsplan infrage kommt.

➲ Diagnose

Verletzung des Plexus brachialis

➲ Ursache

Meist aufgrund eines Unfalles, zum Beispiel beim Zusammenstoß mit einem Auto

➲ Symptome

Abhängig vom Ausmaß der Schädigung und von den betroffenen Nerven komplette oder inkomplette Lähmung der betroffenen Vorderhand mit Schleifen der Pfote über den Boden; „Kusshandstellung“; Sensibilitätsstörungen mit Schmerzen und Missempfindungen, die zu Selbstverstümmelung durch den Hund führen können

➲ Folgen

Abhängig von der Schwere der Verletzung und der Nachbehandlung; Bandbreite reicht von fast vollständiger Rückbildung der Symptome bis zu einer erforderlichen Amputation

➲ Behandlungsmöglichkeiten

Konservativ: mit Elektrotherapie, Bewegungstherapie, passiven Übungen, Schutz vor Abschleifverletzungen der Pfote

Operativ: Amputation der Gliedmaße

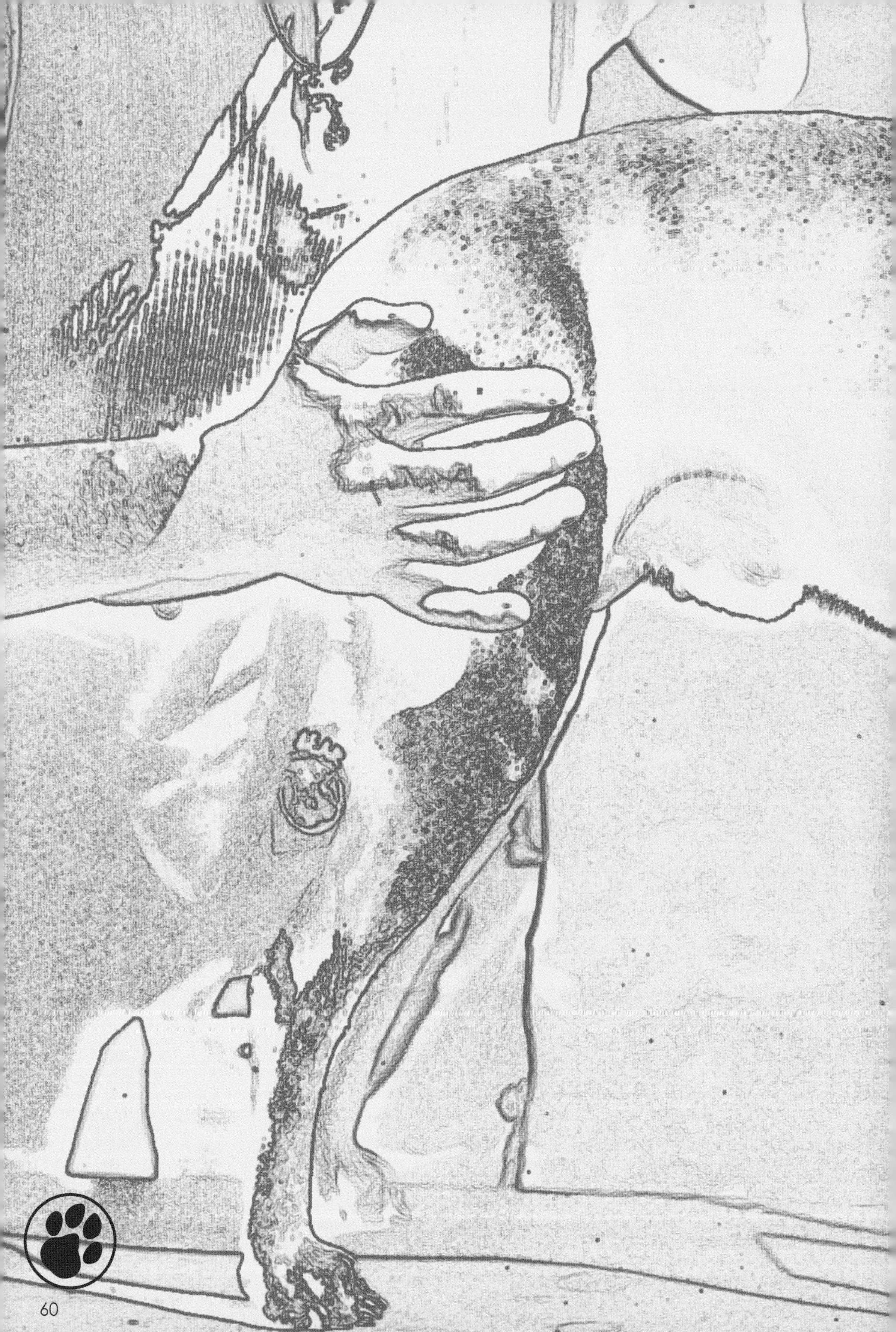

Erkrankungen und Therapie der Hinterhand

Behandlungsmöglichkeiten und Übungen für die Hinterhand

Isometrische Übungen für die Hinterläufe

Knien Sie sich hinter Ihren stehenden Hund. Sollte der Hund auf einem erhöhten Tisch oder Ähnlichem stehen (wie auf diesen Fotos), können Sie selbst bei der Übung auch stehen bleiben. Fassen Sie mit Ihren Händen an die Vorderseite der Oberschenkel (an die Seite, die zum Kopf zeigt). Nun versuchen Sie vorsichtig, den Hund zu sich zu ziehen. Gibt der Hund Widerstand, ziehen Sie nicht weiter, sondern halten Sie nur noch und zählen bis drei. Nun lassen Sie wieder locker. Aber langsam locker lassen, sonst könnte Ihr Hund umfallen.

Jetzt legen Sie die flache Hand seitlich von außen auf den Oberschenkel des stehenden Hundes. Versuchen Sie den Hund vorsichtig auf die entgegengesetzte Seite zu drücken: Liegt Ihre Hand auf dem rechten Oberschenkel, drücken Sie den Hund nach links, liegt Ihre Hand auf dem linken Oberschenkel, drücken Sie den Hund nach rechts. Spüren Sie den Widerstand des Hundes, halten Sie, zählen bis drei und lassen wieder vorsichtig locker. Nun arbeiten Sie den anderen Hinterlauf.

Bei dieser Übung wird der Hund vorsichtig ganz leicht herangezogen, bis er Widerstand gibt und somit seine Muskulatur kräftigt.

Hier wird der Hund mit der Hand vorsichtig seitlich weggedrückt, bis er wieder leichten Muskelwiderstand zeigt.

Legen Sie die flache Hand an die Innenseite des Oberschenkels Ihres stehenden Hundes. Versuchen Sie nun vorsichtig Ihren Hund seitlich wegzudrücken: Liegt Ihre Hand an der Innenseite des rechten Oberschenkels, drücken Sie nach rechts; befindet sich Ihre Hand am linken Oberschenkel innen, drücken Sie nach links. Sobald Sie den Muskelwiderstand spüren, halten Sie, zählen bis drei und lassen wieder vorsichtig locker.

Legen Sie nun Ihre beiden flachen Hände auf die Beckenkämme Ihres Hundes und drücken Sie vorsichtig von oben in Richtung Boden (so als würden Sie den Hund ins Sitz drücken wollen). Wenn Sie den Widerstand des Hundes spüren, halten Sie den Druck, zählen bis drei und lassen vorsichtig wieder locker.

Pfoten anheben

Wie bei der Behandlung von Vorderhanderkrankungen ist das Pfotenanheben auch für die Hinterbeine eine wichtige Übung. Durch das Anheben der Pfote erfolgt eine isometrische Belastung des gegenseitigen Beins mit dem Effekt einer Muskelkräftigung, ohne dass unter Belastung eine Gelenkbewegung erforderlich ist. Um die isometrische Kräftigung zu erzielen, muss die Belastung vom Hund einige Sekunden gehalten werden. Die Dauer hängt von der Belastbarkeit der Gliedmaße ab und variiert von drei bis 30 Sekunden. Die Übung wird pro Gliedmaße drei- bis achtmal wiederholt. Um die Übung zu erschweren, kann der Kopf des Hundes mit einem Leckerchen nach vorn unten gelockt werden.

Das Anheben der Hinterpfote als isometrische Übung

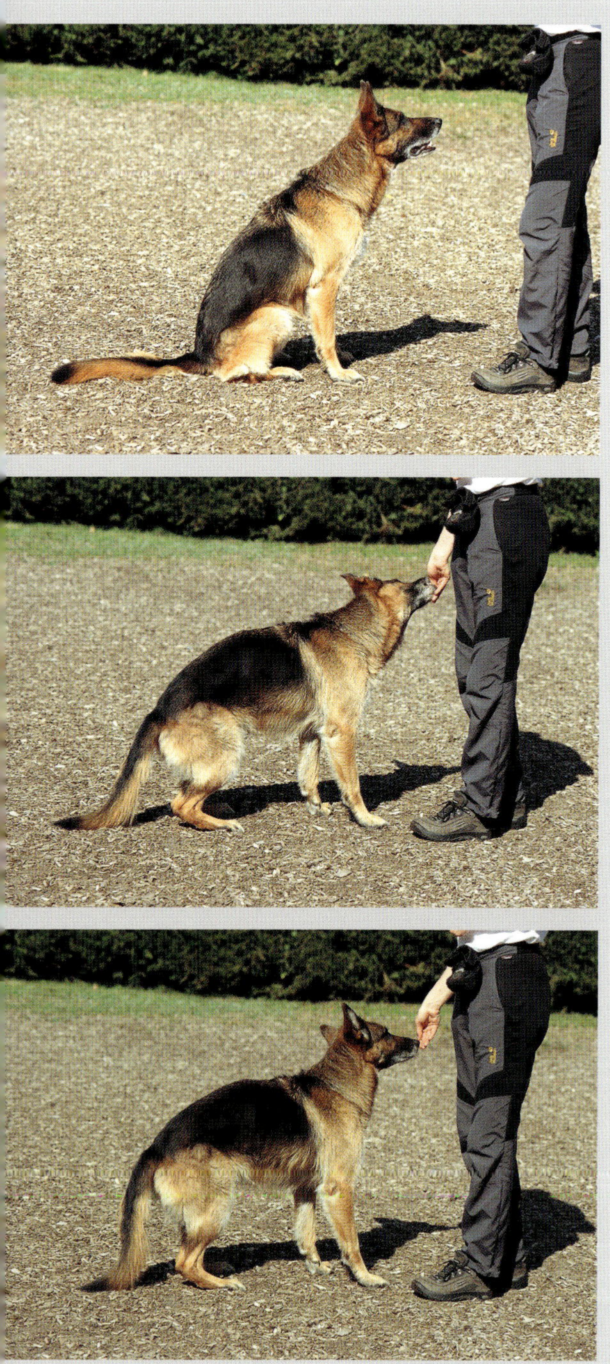

Bei dieser Übung soll sich der Hund mit seinen Hinterbeinen aus dem Sitz langsam und kraftvoll erheben.

Sitz-Steh-Transfer

Dies ist eine Übung, die der Hund am Tag häufig von sich aus durchführt. Nur als Kraftübung wird sie nicht angesehen.

Sie stehen vor dem Hund und bringen ihn mithilfe eines Leckerchens ins Sitz. Seitlich vom Hund zu stehen verhindert häufig das gerade Sitzen und verleitet den Hund dazu sich „hinzulümmeln". Bitte arbeiten Sie ohne körperlichen Einsatz, drücken Sie zum Beispiel nicht auf das Hinterteil des Hundes, damit er ins Sitz geht. Um mit dem Hund erfolgreich gymnastisch zu arbeiten, sind Sie auf die Mitarbeit Ihres Hundes angewiesen. Versuchen Sie über Körpereinwirkung zu arbeiten, wird der Hund Ihnen ausweichen oder verweigert die Mitarbeit.

Wenn der Hund das Hörzeichen für diese Übung kennt, wird er versuchen sich schnell zu setzen. Mit dem direkten Stehen vor dem Hund und Leckerchen an der Nasenspitze bringen Sie den Hund dazu, sich langsam und gerade zu setzen. Nun bewegen Sie sich millimeterweise mit dem Leckerchen von der Hundenase weg. Ihr Hund wird dem Leckerchen folgen und dabei sein Gesäß langsam und kraftvoll erheben, bis er steht. Jetzt erst bekommt er das Leckerchen.

Bei dieser Übung soll der Hund beide Hinterläufe einsetzen, deshalb ist es wichtig, dass er gerade sitzt. Das Aufstehen soll langsam und ohne Einsatz der Vorderläufe geschehen, das heißt, der Hund sollte möglichst keinen Schritt nach vorn machen, wenn er aufsteht.

Diese Übung macht sowohl im Wohnzimmer als auch bei den täglichen Spaziergängen Spaß.

Kniebeuge

Nun gibt es verschiedene Erkrankungen am Bewegungsapparat, bei denen der Hund Schwierigkeiten beim Ausführen der Sitz-Steh-Übung hat. Er zeigt es zum Beispiel durch Rückwärtsgehen an. Der Hund möchte sich setzen, tut es aber nicht, weil es ihm wehtut. Auch diesen Hunden kann durch gezieltes Üben geholfen werden.

Sie stellen sich vor den Hund und geben ihm das Zeichen für Sitz. Schon wenn der Hund nur ein wenig das Sitzen andeutet, lassen Sie ihn wieder aufstehen. Das ist eine Art Kniebeuge: Der Hund winkelt nur kurz die Knie und wird sofort wieder zum Stehen gebracht.

Für diese Übung sind unendlich viel Geduld und sehr gutes Timing des Hundehalters gefragt. Bewährt hat sich hier das Clickern. Der Nachteil: Ihr Hund findet diese Übung möglicherweise so klasse, dass er bei jeder sich bietenden Gelegenheit neben Ihnen steht und Kniebeugen macht. Nach einigem Training wird der Hund Ihnen das Sitzen von allein anbieten.

Die Kniebeuge-Übung erfordert sehr viel Geduld. Der Hund soll das Knie nur kurz anwinkeln und danach sofort wieder stehen.

Das gerade Platz (Sphinx-Position)

Beim Hund gibt es Erkrankungen, die es ihm erschweren sich gerade ins Platz zu legen und infolgedessen ihm auch Schwierigkeiten bereiten sich zu erheben. Jeder kennt sicher einen Hund im Umfeld, der vor dem Aufstehen seitliche Schaukelbewegungen macht, um Schwung zu holen und über die Vorderläufe aufzustehen. Je älter diese Hunde werden, umso größer sind auch die Proble-

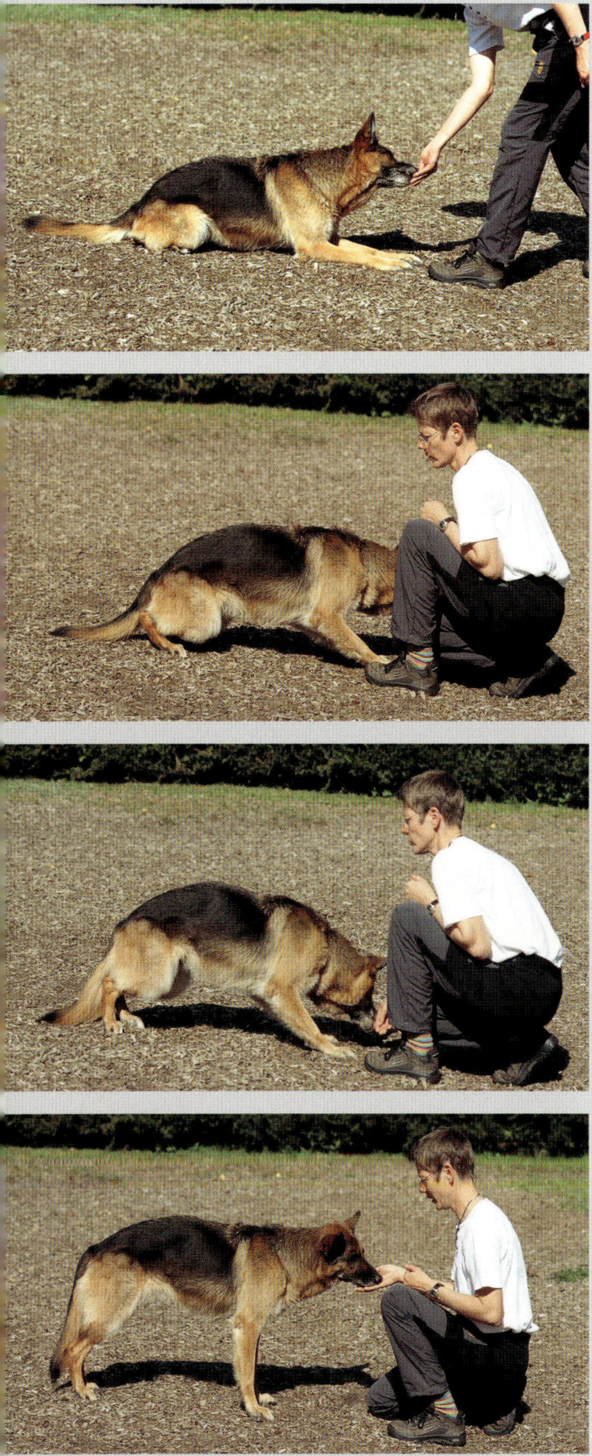

Beim Platz/Steh-Transfer sollte sich der Hund mit den Pfoten vom Platz ins Steh hochstemmen, ohne sich dazwischen hinzusetzen.

me, die ihnen das Aufstehen bereitet. Deshalb: Das gerade Platz können Sie mit Ihrem Hund üben.

Stellen oder knien Sie sich vor Ihren Hund und bringen Sie ihn wie vorher beschrieben ins gerade Sitz. Jetzt bewegen Sie sich mit dem Leckerchen dicht vor der Nase an der Brust des Hundes nach unten, wobei Sie ihm sagen, dass er sich legen soll. Der Hund wird Ihnen langsam folgen und sich gerade hinlegen. Anfangs sollten Sie Ihren Hund gleich wieder in die Sitz-Position bringen.

Kippt der Hund im Liegen sofort seitlich ab, versuchen Sie zu erreichen, dass er sich selbst korrigiert, indem Sie das Leckerchen dicht vor seiner Nase und über dem Boden von ihm wegbewegen. Ihr Hund wird versuchen dem Leckerchen zu folgen und sich ins gerade Platz legen. Sobald sich der Hund korrigiert hat, bringen Sie ihn ins Sitz.

Kann nach einigem Training Ihr Hund gut ins Platz gehen, verlängern Sie das Liegen. Sie halten das Leckerchen wieder dicht an die Nase des Hundes und bewegen es langsam vom Hund weg. Streckt sich Ihr Hund nach dem Leckerchen, lassen Sie ihn ein bisschen naschen und bewegen das Leckerchen wieder zum Hund zurück. Wenn er wieder entspannt liegt, bekommt er das ganze Leckerchen. Auf diese Art streckt der Hund erstens seine Wirbelsäule und zweitens beansprucht er die Muskulatur, die für das Liegen notwendig ist.

Platz-Steh-Transfer

Der Behandler bringt den Hund ins Platz und animiert ihn dann dazu, sich aus der liegenden Position ins Steh hochzustemmen. Dazu steht der Behandler am besten seitlich auf Höhe des Hundekopfes und lockt den Hund mit einem Leckerchen nach vorn/oben ins Steh. Eventuell muss man auch mit einer Hand unter den Hundebauch greifen beziehungsweise den Bauch des Hundes antippen. Anfangs gehen die meisten Hunde bei diesem Positionswechsel einige Schritte vorwärts, insbesondere mit den Hinterpfoten. Dieses Vorwärtsgehen sollte jedoch im Lauf der Zeit abgebaut werden, damit der Hund sich aus dem Platz ins Steh ohne Vorwärtsbewegung der Pfoten hochstemmt. Aus dem Steh soll sich der Hund dann wieder ins Platz legen, indem er sich langsam rückwärts herunterlässt (Sphinx-Position). Der Positionswechsel soll direkt vom Steh ins Platz erfolgen ohne ein dazwischengeschaltetes Sitz.

Diese Übung kräftigt die Muskulatur der Vordergliedmaßen und der Hintergliedmaßen und sollte zwischen fünf- bis zehnmal durchgeführt werden, bei anfangs einem, später drei Sätzen. Beim liegenden Hund muss darauf geachtet werden, dass dieser möglichst gerade liegt und nicht mit der Hinterhand auf eine Seite gerutscht ist.

Schritttraining

Eine detaillierte Beschreibung finden Sie im Kapitel „Behandlungsmöglichkeiten und Übungen für die Vorderhand“.

Schritttraining auf wechselndem Untergrund

Eine detaillierte Beschreibung finden Sie im Kapitel „Behandlungsmöglichkeiten und Übungen für die Vorderhand“.

Schritttraining bergauf

Im Schritttraining bergauf wird der Hund geführt, um die Muskulatur der Hinterläufe und die Bauchmuskulatur zu kräftigen. Bergauf

Das Schritttraining bergauf kräftigt die Bauchmuskulatur und die Muskulatur der Hinterläufe.

Auch das schräge Bergauflaufen ist sinnvoll.

kann man den Hund im Zickzack, geradeaus oder schräg führen oder Sie kombinieren alle drei Richtungen miteinander. Bergaufgehen erfordert mehr Muskelkraft und belastet den Hund stärker, sodass dieses Training erst begonnen werden darf, wenn das normale Schritttraining gut und reibungslos klappt und der Hund schon einen gewissen Trainingsstand erreicht hat.

Wenn der Hund kraftvoll bergauf arbeitet und er seine Hinterläufe breiter auseinander setzt und einen runden Rücken macht, wissen Sie, dies ist das richtige Tempo für Ihren Hund. Auch hier müssen Sie den Hund an der Leine führen, da er sonst wahrscheinlich ein bis zwei Galoppsprünge machen wird, um schneller und mit weniger Anstrengung den Berg hochzukommen.

Bei den Behandlungsplänen für die verschiedenen Erkrankungen erfolgt das Schritttraining in zwei Varianten, wie sie in den folgenden Tabellen beschrieben werden.

Schritttraining 1

Woche	Dauer der Schrittphasen	Untergrund	Anzahl während des Spaziergangs
1. Woche	1 Minute	eben (Asphalt, Straße, Feldweg)	5 bis 6
2. Woche	2 Minuten	eben (Asphalt, Straße, Feldweg)	4
3. Woche	3 Minuten	eben (Asphalt, Straße, Feldweg)	4
4. Woche	5 Minuten	eben (Asphalt, Straße, Feldweg)	4, verteilt auf zwei Spaziergänge

Schritttraining 2

Woche	Dauer der Schrittphasen	Untergrund	Anzahl während des Spaziergangs (darf auf mehrere Spaziergänge verteilt werden)
1. Woche	1 Minute	abwechselnd eben, weich, tief, sandig	5 bis 6
2. Woche	3 Minuten	abwechselnd eben, weich, tief, sandig	4
3. Woche	5 Minuten	abwechselnd eben, weich, uneben (Stoppelfeld, Schotterwege, Asphalt)	3
4. Woche	5 Minuten	abwechselnd eben, weich, uneben (Stoppelfeld, Schotterwege, Asphalt)	4

Trabtraining

Eine detaillierte Beschreibung finden Sie im Kapitel „Behandlungsmöglichkeiten und Übungen für die Vorderhand".

Hinterhanderkrankungen und ihre Behandlungspläne

Im Folgenden werden einzelne Erkrankungen der Hinterhand und dafür empfohlene Behandlungspläne beschrieben. Die Vorschläge orientieren sich jeweils an dem typischen Krankheitsverlauf und müssen gegebenenfalls an Ihren Hund angepasst werden (zum Beispiel durch Ihren Tierarzt oder Physiotherapeuten). Die Ausführung der einzelnen Übungen wurde bereits ausführlich beschrieben.

Hüftgelenksdysplasie (HD)

➲ Diagnose

Hüftgelenksdysplasie (Fehlbildung des Hüftgelenks)

➲ Ursache

Erbanlagen, Ernährung des Hundes, Fehl- und Überbelastungen des Hundes während des Wachstums

➲ Symptome

Aufgrund eines fehlgebildeten Hüftgelenks (Form von Hüftkopf und Hüftpfanne passen nicht zueinander) hat der Hund Schwierigkeiten, sich mit vollem Kraftaufwand nach vorn zu bewegen; beim Sitzen und Liegen schiebt der Hund die Hinterhand meistens auf die Seite, steht schwer auf, kann und will nicht springen, entlastet das betroffene Bein im Stehen, zeigt ein typisch wackelndes Gangbild; Hoppelgalopp

➲ Folgen

Wegen ständiger Fehlbelastung wird die Kapsel des Hüftgelenks gezerrt, die Bänder werden gedehnt, Gelenkknorpel und Knochen geschädigt, was häufig die Ausbildung schwerster Arthrosen auch schon beim jungen Hund zur Folge haben kann; wegen der Fehlbelastung kann es zu einer Fehlhaltung und damit auch zu degenerativen Veränderungen in der Wirbelsäule kommen; der Hund kann sich nur unter Schmerzen bewegen.

➲ Behandlungsmöglichkeiten

Konservativ: Um die Muskulatur aufzubauen und zu erhalten, die für eine Straffung des Hüftgelenks sorgt, sowie zur Schmerzstillung ist eine langfristige physiotherapeutische Behandlung notwendig und sinnvoll, zudem werden in Absprache mit dem Tierarzt schmerzstillende und entzündungshemmende Medikamente gegeben

Operativ (nur einige Möglichkeiten): Muskeldurchtrennung oder -entfernung des „Heranziehers" (Adduktor) am betroffenen Lauf; Femurkopfresektion (Entfernung des Oberschenkelkopfes) Hüftgelenk-Totalendoprothese (Ersetzen des geschädigten Gelenks durch ein künstliches bestehend aus Gelenkpfanne, Oberschenkelhals und -kopf)

Behandlungsplan

Zeitraum	Maßnahmen	Häufigkeit der Maßnahmen
1. bis 7. Tag	Schritttraining 1	täglich
	Massage	täglich
	Pfoten anheben	täglich alle vier Pfoten 5 Sekunden bei 3 Wiederholungen pro Seite
	Isometrie diagonal	täglich 3 Sekunden bei 3 Wiederholungen pro Seite
	Cavaletti-Arbeit	täglich, 5 Stangen (Beine) bei 1 Wiederholung
	Sitz/Steh	täglich, 1-mal morgens, mittags, abends
	Platz/Steh	täglich, 1-mal morgens, mittags, abends
	Slalomlaufen	täglich, 6 Stangen bei 2 Wiederholungen
8. bis 14. Tag	Schritttraining 1	täglich
	Massage	täglich
	Pfoten anheben	täglich alle vier Pfoten 10 Sekunden bei 3 Wiederholungen pro Seite
	Isometrie diagonal	täglich 5 Sekunden bei 3 Wiederholungen pro Seite
	Cavaletti-Arbeit	täglich, 5 Stangen (Beine) bei 2 Wiederholungen
	Sitz/Steh	täglich, 2-mal morgens, mittags, abends
	Platz/Steh	täglich, 2-mal morgens, mittags, abends
	Slalomlaufen	täglich, 6 Stangen bei 3 Wiederholungen
15. bis 28. Tag	Schritttraining 1	täglich
	Massage	täglich
	Pfoten anheben	täglich alle vier Pfoten 20 Sekunden bei 3 Wiederholungen pro Seite
	Isometrie diagonal	täglich 10 Sekunden bei 3 Wiederholungen pro Seite
	Cavaletti-Arbeit	täglich, 5 Stangen (Beine) bei 3 Wiederholungen

Zeitraum	Maßnahmen	Häufigkeit der Maßnahmen
	Sitz/Steh	täglich, 4-mal morgens, mittags, abends
	Platz/Steh	täglich, 4-mal morgens, mittags, abends
	Slalomlaufen	täglich, 6 Stangen bei 4 Wiederholungen
29. bis 42. Tag	Schritttraining 2	täglich
	Massage	alle 2 bis 3 Tage
	Pfoten anheben	täglich alle vier Pfoten 20 Sekunden bei 5 Wiederholungen pro Seite
	Isometrie diagonal	täglich 10 Sekunden bei 3 Wiederholungen pro Seite
	Cavaletti-Arbeit	täglich, 5 Stangen (Beine) bei 4 Wiederholungen
	Sitz/Steh	täglich, 6-mal morgens, mittags, abends
	Platz/Steh	täglich, 6-mal morgens, mittags, abends
	Slalomlaufen	täglich, 6 Stangen bei 5 Wiederholungen

Patellaluxation

➲ Diagnose

Patellaluxation (Kniescheibenausrenkung)

➲ Ursache

Meistens angeboren

➲ Symptome

Grad 1:

Die Kniescheibe springt selten bei normaler Bewegung heraus, lässt sich aber manuell leicht ausrenken und springt wieder in ihre normale Position zurück; der Hund belastet den betroffenen Lauf so lange nicht, bis die Kniescheibe bei gestrecktem Kniegelenk wieder zurückgleitet.

Grad 2:

Beim Abbeugen des Kniegelenks springt die Kniescheibe spontan aus ihrer Position und bei Streckung des Kniegelenks gleitet sie wieder zurück; der Hund hinkt gelegentlich, lahmt zeitweise stark und hat lahmheitsfreie Phasen mit gelegentlichem Lahmen. Die Hunde halten dann das betroffene Kniegelenk gebeugt und belasten es kaum.

Grad 3:

Die Kniescheibe ist stets ausgerenkt, lässt sich aber manuell einrenken, wenn das Kniegelenk gestreckt ist, und springt sofort wieder heraus, sobald das Kniegelenk bewegt wird; die Hunde zeigen ein ähnliches Gangbild wie bei Grad 2, schonen aber selten über einen längeren Zeitraum.

Grad 4:

Die Kniescheibe ist ständig ausgerenkt und kann auch manuell nicht eingerenkt werden; der Hund hält das betroffene Bein im Kniegelenk gebeugt. Er kann das Knie weder beugen noch strecken und belastet das betroffene Bein nicht, was zu Muskulaturverlust am betroffenen Bein führt.

➲ Folgen

Durch das Herausspringen der Kniescheibe und die damit veränderte Belastung auf das Kniegelenk lockern sich die Bänder des Knies – das Kniegelenk wird instabil. Je älter der Hund, umso größer sind die Umformungen an den Knochen des Ober- und Unterschenkels und im Kniegelenk; Arthrosen im Kniegelenk lassen eine Streckung des Knies nicht mehr zu, das Bewegen des betroffenen Knies bereitet dem Hund starke Schmerzen. Durch ständiges Schonen des betroffenen Hinterlaufes bildet sich die Muskulatur zurück.

Verlagerung des Körpergewichts auf die Vorderläufe (bei beidseitiger Patellaluxation laufen sehr kleinwüchsige und leichte Hunde sogar im „Handstand")

➲ Behandlungsmöglichkeiten

Konservativ (Nur bei Grad 1, ab Grad 2 wird wegen der Knorpelschädigung die operative Behandlung empfohlen.): Physiotherapeutische Maßnahmen sorgen für Straffung der Muskulatur, die das Kniegelenk stabilisiert

Operativ: Weichteilchirurgisch; knochenchirurgisch

Behandlungsplan

Zeitraum	Maßnahmen	Häufigkeit der Maßnahmen
1. bis 7. Tag	Schritttraining 1	täglich
	Massage	täglich
	Pfoten anheben	täglich alle vier Pfoten 5 Sekunden bei 3 Wiederholungen pro Seite
	Isometrie diagonal	täglich 3 Sekunden bei 3 Wiederholungen pro Seite
	Cavaletti-Arbeit	täglich, 5 Stangen (Beine) bei 1 Wiederholung
	Kniebeuge	täglich, 1-mal morgens, mittags, abends
	Slalomlaufen	täglich, 6 Stangen bei 2 Wiederholungen

Zeitraum	Maßnahmen	Häufigkeit der Maßnahmen
8. bis 14. Tag	Schritttraining 1	täglich
	Massage	täglich
	Pfoten anheben	täglich alle vier Pfoten 10 Sekunden bei 3 Wiederholungen pro Seite
	Isometrie diagonal	täglich 5 Sekunden bei 3 Wiederholungen pro Seite
	Cavaletti-Arbeit	täglich, 5 Stangen (Beine) bei 2 Wiederholungen
	Sitz/Steh	täglich, 1-mal morgens, mittags, abends
	Slalomlaufen	täglich, 6 Stangen bei 3 Wiederholungen
15. bis 28. Tag	Schritttraining 1	täglich
	Massage	täglich
	Pfoten anheben	täglich alle vier Pfoten 20 Sekunden bei 3 Wiederholungen pro Seite
	Isometrie diagonal	täglich 10 Sekunden bei 3 Wiederholungen pro Seite
	Cavaletti-Arbeit	täglich, 5 Stangen (Beine) bei 3 Wiederholungen
	Sitz/Steh	täglich, 3-mal morgens, mittags, abends
	Platz/Steh	täglich, 1-mal morgens, mittags, abends
	Slalomlaufen	täglich, 6 Stangen bei 4 Wiederholungen
29. bis 42. Tag	Schritttraining 2	täglich
	Massage	alle 2 bis 3 Tage
	Pfoten anheben	täglich alle vier Pfoten 20 Sekunden bei 5 Wiederholungen pro Seite
	Isometrie diagonal	täglich 10 Sekunden bei 3 Wiederholungen pro Seite
	Cavaletti-Arbeit	täglich, 5 Stangen (Beine) bei 4 Wiederholungen
	Sitz/Steh	täglich, 6-mal morgens, mittags, abends
	Platz/Steh	täglich, 3-mal morgens, mittags, abends
	Slalomlaufen	täglich, 6 Stangen bei 5 Wiederholungen

Kreuzbandruptur (Kreuzbandriss)

➲ Diagnose

Kreuzbandruptur (Kreuzbandriss)

➲ Ursache

Unfallereignis wie plötzliches Einwärtsdrehen des Knies, Überstreckung des Knies, wenn der Hund in vollem Lauf zum Beispiel in ein Erdloch tritt; degenerative Veränderungen des Kreuzbandes zum Beispiel bei Patellaluxation

➲ Symptome

Plötzliches Lahmen; starke Schmerzen, der Hund belastet den betroffenen Lauf nicht; das Kniegelenk ist geschwollen

➲ Folgen

Der Hund wird das betroffene Bein nicht oder erst sehr spät und vorsichtig belasten, es kommt zu starkem Muskulaturverlust; unbehandelt fast immer Arthrosen im Kniegelenk als Folge

➲ Behandlungsmöglichkeiten

Konservativ: Bewegungseinschränkung, eventuell Schmerzmittel, physiotherapeutische Maßnahmen zur Lockerung der Muskulatur anfangs, später zur Straffung der Muskulatur und deren Aufbau, um das Kniegelenk zu stabilisieren

Operativ: Verschiedene Operationsmöglichkeiten in Abhängigkeit von Größe, Gewicht und Alter des Hundes

Behandlungsplan

Zeitraum	Maßnahmen	Häufigkeit der Maßnahmen
1. bis 7. Tag	Schritttraining 1	täglich
	Massage	täglich
	Pfoten anheben	täglich alle vier Pfoten 5 Sekunden bei 3 Wiederholungen pro Seite
	Isometrie diagonal	täglich 3 Sekunden bei 3 Wiederholungen pro Seite
	Cavaletti-Arbeit	täglich, 5 Stangen (Beine) bei 1 Wiederholung
	Kniebeuge	täglich, 1-mal morgens, mittags, abends
	Slalomlaufen	täglich, 6 Stangen bei 2 Wiederholungen

Zeitraum	Maßnahmen	Häufigkeit der Maßnahmen
8. bis 14. Tag	Schritttraining 1	täglich
	Massage	täglich
	Pfoten anheben	täglich alle vier Pfoten 10 Sekunden bei 3 Wiederholungen pro Seite
	Isometrie diagonal	täglich 5 Sekunden bei 3 Wiederholungen pro Seite
	Cavaletti-Arbeit	täglich, 5 Stangen (Beine) bei 2 Wiederholungen
	Sitz/Steh	täglich, 1-mal morgens, mittags, abends
	Slalomlaufen	täglich, 6 Stangen bei 3 Wiederholungen
15. bis 28. Tag	Schritttraining 1	täglich
	Massage	täglich
	Pfoten anheben	täglich alle vier Pfoten 20 Sekunden bei 3 Wiederholungen pro Seite
	Isometrie diagonal	täglich 10 Sekunden bei 3 Wiederholungen pro Seite
	Cavaletti-Arbeit	täglich, 5 Stangen (Beine) bei 3 Wiederholungen
	Sitz/Steh	täglich, 3-mal morgens, mittags, abends
	Platz/Steh	täglich, 1-mal morgens, mittags, abends
	Slalomlaufen	täglich, 6 Stangen bei 4 Wiederholungen
29. bis 42. Tag	Schritttraining 2	täglich
	Massage	alle 2 bis 3 Tage
	Pfoten anheben	täglich alle vier Pfoten 20 Sekunden bei 5 Wiederholungen pro Seite
	Isometrie diagonal	täglich 10 Sekunden bei 3 Wiederholungen pro Seite
	Cavaletti-Arbeit	täglich, 5 Stangen (Beine) bei 4 Wiederholungen
	Sitz/Steh	täglich, 6-mal morgens, mittags, abends
	Platz/Steh	täglich, 3-mal morgens, mittags, abends
	Slalomlaufen	täglich, 6 Stangen bei 5 Wiederholungen

Hinterbeinamputation

➲ Diagnose

Amputation einer hinteren Gliedmaße

➲ Ursache

Unfallereignis mit irreversiblen Schädigungen an Nerven oder Weichteilen, Gefäßerkrankungen, Tumoren

➲ Symptome

Verändertes Gangbild durch fehlendes Bein

➲ Folgen

Überbelastung der verbleibenden Extremitäten; durch Gewichtsverlagerung in der Bewegung kann es zu degenerativen Erkrankungen der Wirbelsäule kommen

➲ Behandlungsmöglichkeiten

Konservativ: Verminderung von Fehlstellungen durch die andauernde Fehlbelastung durch physiotherapeutische Techniken, Muskelaufbau, Schmerzlinderung, Erhalt der Mobilität und Beweglichkeit, Maßnahmen zur Entlastung der überbelasteten Muskulatur

Behandlungsplan

Zeitraum	Maßnahmen	Häufigkeit der Maßnahmen
1. bis 7. Tag	Schritttraining 1	täglich
	Massage	täglich
	Pfoten anheben	täglich die drei Pfoten 5 Sekunden bei 3 Wiederholungen pro Seite (beim Heben des verbliebenen Hinterlaufs den Bauch des Hundes halten)
	Isometrie diagonal	täglich 3 Sekunden bei 3 Wiederholungen
	Kniebeuge	täglich, 1-mal morgens, mittags, abends
8. bis 14. Tag	Schritttraining 1	täglich
	Massage	täglich
	Pfoten anheben	täglich die drei Pfoten 10 Sekunden bei 3 Wiederholungen pro Seite (beim Heben des verbliebenen Hinterlaufs den Bauch des Hundes halten)

Zeitraum	Maßnahmen	Häufigkeit der Maßnahmen
8. bis 14. Tag	Isometrie diagonal	täglich 5 Sekunden bei 3 Wiederholungen
	Sitz/Steh	täglich, 1-mal morgens, mittags, abends
15. bis 28. Tag	Schritttraining 1	täglich
	Massage	täglich
	Pfoten anheben	täglich die drei Pfoten 20 Sekunden bei 3 Wiederholungen pro Seite (beim Heben des verbliebenen Hinterlaufs den Bauch des Hundes halten)
	Isometrie diagonal	täglich 10 Sekunden bei 3 Wiederholungen
	Sitz/Steh	täglich, 3-mal morgens, mittags, abends
	Platz/Steh	täglich, 1-mal morgens, mittags, abends
29. bis 42. Tag	Schritttraining 2	täglich
	Massage	alle 2 bis 3 Tage
	Pfoten anheben	täglich die drei Pfoten 20 Sekunden bei 5 Wiederholungen pro Seite (beim Heben des verbliebenen Hinterlaufs den Bauch des Hundes halten)
	Isometrie diagonal	täglich 10 Sekunden bei 3 Wiederholungen pro Seite
	Sitz/Steh	täglich, 6-mal morgens, mittags, abends
	Platz/Steh	täglich, 3-mal morgens, mittags, abends
	Slalomlaufen	täglich, 6 Stangen bei 1 Wiederholung

Erkrankungen und Therapie des Rückens

Behandlungsmöglichkeiten und Übungen für den Rücken

Gewichtsverlagerungen vorn – hinten

Sie positionieren Ihren Hund vor einem kleinen Hindernis, einer Treppenstufe, einer Bordsteinkante oder Ähnlichem, stellen sich neben oder vor Ihren stehenden Hund und locken mit einem Leckerchen, das Sie vor seinen Kopf halten, den Kopf so nach vorn, dass er den Hals streckt und mehr Gewicht auf die Vorderbeine verteilt, aber ohne die Hinterpfoten nach vorn zu setzen. Dort einige Sekunden warten und dann erst das Leckerchen geben. Aus dieser Position dann mit einem zweiten Leckerchen, das über den Hundekopf zurückgeführt wird, wieder den Körperschwerpunkt des Hundes und sein Gewicht nach hinten in die Ausgangsposition verlagern. In der Ausgangsposition ebenfalls einige Sekunden verharren und dann den Kopf des Hundes noch

Bei dieser Übung wird das Gewicht des Hundes nach hinten verlagert. Dadurch werden Rücken- und Hinterhandmuskulatur trainiert.

etwas weiter nach hinten locken, sodass noch mehr Gewicht auf die Hinterbeine verlagert wird, dann erst das Leckerchen geben. Um die Gewichtsübernahme auf die Vorderhand zu fördern, kann man den Kopf des Hundes in der vorderen Position etwas nach vorn unten locken, wenn der Hund das Bein sonst nicht freiwillig belastet. Bei dieser Übung geht es darum, dass der Hund seinen Körperschwerpunkt abwechselnd nach vorn und hinten verlagert.

Man beginnt mit ein bis zwei Sekunden in der jeweiligen Endposition, bevor man das Leckerchen fressen lässt, und wechselt etwa fünfmal von vorn in die Mitte nach hinten und zurück.

Bei dieser Variante wird das Gewicht nach vorn verlagert. Somit werden Rücken- und Vorderhandmuskulatur trainiert.

Beherrscht der Hund die Übung gut, kann die Dauer auf zehn Sekunden ausgedehnt werden und die Anzahl der Wiederholungen auf zehnmal gesteigert werden.

Diese Übung verbessert die Muskelkraft der Vorder- und Hinterhand und trainiert die Rückenmuskulatur und die Koordination.

Gewichtsverlagerungen diagonal

Sie knien sich vor Ihren stehenden Hund und legen eine Hand von vorn flach auf den Brustkorb in Höhe der Schulter. Nun versuchen Sie vorsichtig, mit der Hand den Hund diagonal von sich weg zu schieben. Das heißt, liegt die Hand an der rechten Schulter des Hundes, schieben Sie in Richtung linke Hüfte. Liegt die Hand an der linken Schulter des Hundes, schieben Sie in Richtung rechte Hüfte. Vorsicht, die Seitenangaben sind aus der Sicht des Hundes gemacht!

Gibt der Hund Widerstand, schieben Sie nicht weiter, sondern halten nur noch und zählen die Sekunden. Dann lassen Sie wieder langsam locker. Nicht ruckartig loslassen, das könnte Ihren Hund aus dem Gleichgewicht bringen und ist Gift bei vielen Erkrankungen. Gibt Ihr Hund keinen Widerstand oder weicht er aus, war der Druck, den Sie ausgeübt haben, zu stark. Versuchen Sie es noch einmal mit weniger Druck. Sie sollten immer nur gerade so viel drücken, dass Ihr Hund mit den Pfoten auf der Stelle stehen bleibt. Mit zunehmender Übung weiß Ihr Hund, dass er stehen bleiben und Widerstand geben soll, sodass man mit der Zeit etwas mehr Druck ausüben kann.

Diese Übung wird sowohl rechts als auch links trainiert. Trainiert man nur einseitig, fördert man ein muskuläres Ungleichgewicht. Man beginnt die Übung mit etwa drei Sekunden und steigert bis auf zehn Sekunden bei zunächst drei, später fünf Wiederholungen pro Körperseite.

Wackelbrett

Bauanleitung siehe Kapitel „Behandlungsmöglichkeiten und Übungen für die Vorderhand“.

Der Hund steht oder sitzt mit allen Pfoten auf dem Brett, der Behandler fixiert das Brett mit den Händen und kippt es abwechselnd vorsichtig nach rechts und links, nach vorn und hinten und hält es dort jeweils für einige Sekunden. Der Hund soll die Bewegung des Brettes ausbalancieren, ohne seine Körperposition zu verändern. Der Behandler darf das Brett also jeweils nur so weit zu einer Seite neigen, dass der Hund sitzen bleibt beziehungsweise der stehende Hund die Pfoten nicht nachsetzt. Je langsamer das Brett anfangs geneigt wird, desto eher hält der Hund seine Ausgangsposition. Ruckartiges Kippen ist nur etwas für fortgeschrittene Trainingsstadien und verbietet sich außerdem bei bestimmten Diagnosen wie zum Beispiel Spondylose.

Die Übungen im Sitz fordern die Rumpfmuskulatur stärker als die Übungen im Stehen. Wichtig ist es, das Brett nicht unkontrolliert kippen zu lassen, sondern immer die Bewegung des Brettes zu kontrollieren. Die Übung schult die Koordination und kräftigt die Rumpfmuskulatur des Hundes. Die Wackelbrettübung sollte zwischen 15 Sekunden und zwei Minuten dauern und kann ein- bis dreimal durchgeführt werden.

Die Übung mit dem Wackelbrett erfordert etwas Vorübung mit dem Hund, bevor sie effektiv genutzt werden kann. Zunächst muss der Hund lernen, das Wackelbrett freiwillig zu betreten und darauf zunächst mit den Vorderbeinen, später mit allen vier Pfoten stehen zu bleiben. Am Anfang sollte das Brett so fixiert werden, dass es nicht kippen kann, sondern fest steht wie ein Podest, sodass der Hund sich darauf sicher fühlt. Erst wenn der Hund das fest stehende Brett freiwillig betritt und mit den Vorderbeinen darauf stehen bleibt, kann langsam mit dem Kippen des Brettes begonnen werden.

Biegen der Halswirbelsäule (HWS) seitlich

Hocken Sie sich seitlich von Ihrem stehenden Hund hin, nehmen Sie ein Leckerchen in die Hand, zeigen es Ihrem Hund und halten es dann an eine Schulter des Hundes (am besten an die Ihnen abgewandte Seite). Um an das Leckerchen zu kommen, muss der Hund den Hals seitlich biegen. Dort kurz halten, bevor das Leckerchen gegeben wird. Um zu verhindern, dass Ihr Hund mit dem ganzen Körper ausweicht beziehungsweise sich dreht, um an das Leckerchen zu kommen, können Sie den Hund entweder mit Ihrem Körper oder mit der anderen Hand in der Flanke stabilisieren.

Wichtig ist, dass der Hund den Umfang der Bewegung selbst steuert. Versuchen Sie nicht, der Bewegung nachzuhelfen und den Hundekopf etwa mit den Händen „in Position" zu bringen. Dabei überschreiten Sie ganz schnell die Schmerzgrenze Ihres Hundes und können mehr Schaden als Nutzen verursachen. Lassen Sie den Hund selbst bestimmen, wie weit er die Bewegung ausführen kann!

Beim Biegen der Halswirbelsäule wird der Kopf des Hundes langsam mit einem Leckerchen Richtung Schulter gelockt.

Man beginnt mit ein bis zwei Sekunden, die in der Endposition gehalten werden, und steigert dann bis auf fünf bis zehn Sekunden bei drei Wiederholungen.

Biegen der Halswirbelsäule (HWS) auf und ab

Hocken Sie sich seitlich neben Ihren stehenden Hund, nehmen mehrere Leckerchen in die Hand und locken mit einem Leckerchen, das Sie zwischen die Vorderpfoten halten, seinen Kopf langsam nach unten. Mit der anderen Hand können Sie unter den Brustkorb Ihres Hundes fassen, damit er sich nicht einfach hinlegt, um den Hals nicht biegen zu müssen. Halten Sie dort das Leckerchen für einige Sekunden, bis Ihr Hund es fressen darf, damit die Nackenmuskulatur sich dehnen kann. Mit einem weiteren Leckerchen, das Sie etwa auf Höhe der Karpalgelenke zwischen seinen Vorderpfoten halten, locken Sie den Hundekopf in eine Position, in der die Nackenmuskulatur noch weiter gedehnt wird. Halten Sie auch dort das Leckerchen einige Sekunden, bevor es der Hund fressen darf, und führen dann den Hundekopf langsam wieder in die Ausgangsposition zurück. Aus dieser Ausgangsposition locken Sie den Hundekopf mit einem Leckerchen nach oben, sodass der Hund nach oben schaut. Halten Sie dort einige Sekunden und geben dann das Leckerchen. Wichtig ist, dass der Hund den Umfang der Bewegung selbst steuert. Versuchen Sie nicht, der Bewegung nachzuhelfen und den Hundekopf etwa mit den Händen „in Position" zu bringen. Dabei überschreiten Sie ganz schnell die Schmerzgrenze Ihres Hundes und können mehr Schaden als Nutzen verursachen. Lassen Sie den Hund selbst bestimmen, wie weit er die Bewegung ausführen kann!

Man beginnt mit ein bis zwei Sekunden, die in der Endposition gehalten werden, und steigert dann bis auf fünf bis zehn Sekunden bei drei Wiederholungen.

Rumpfbeuge: Biegen von Hals-, Brust- und Lendenwirbelsäule (HWS/BWS/LWS) seitlich

Diese Übung ähnelt der Übung „Biegen HWS seitlich" sehr, bezieht jedoch die ganze Wirbelsäule des Hundes in die Biegung mit ein. Hocken Sie sich seitlich von Ihrem stehenden Hund hin, nehmen ein Leckerchen in die Hand, zeigen es Ihrem Hund und halten es dann an einen Oberschenkel des Hundes (am besten an die Ihnen abgewandte Seite). Um an das Leckerchen zu kommen, muss der Hund den Hals, die Brustwirbelsäule und die Lendenwirbelsäule seitlich biegen. Dort kurz halten, bevor das Leckerchen gegeben wird. Um zu verhindern, dass Ihr Hund mit dem ganzen Körper ausweicht beziehungsweise sich dreht, um an das Leckerchen zu kommen, können Sie Ihren Hund entweder mit Ihrem Körper oder mit der anderen Hand in der Flanke stabilisieren.

Wichtig ist, dass der Hund den Umfang der Bewegung selbst steuert. Versuchen Sie nicht, der Bewegung nachzuhelfen und den Hundekopf mit den Händen in die gewünschte Position zu bringen. Dabei überschreiten Sie ganz schnell die

Das Slalomlaufen kann man auch mit Pylonen üben. Das Laufen um die Pylone fördert die Seitwärtsbewegung der Wirbelsäule.

Schmerzgrenze Ihres Hundes und können mehr Schaden als Nutzen verursachen. Lassen Sie den Hund selbst bestimmen, wie weit er die Bewegung ausführen kann!

Man beginnt mit ein bis zwei Sekunden, die in der Endposition gehalten werden, und steigert dann bis auf fünf bis zehn Sekunden bei drei Wiederholungen.

Slalomlaufen

Stellen Sie einige Pylonen oder Stangen als Hindernisse in einer geraden Reihe auf. Der Abstand der Stangen sollte etwas kleiner oder gleich der Rückenlänge des Hundes sein, um die Biegung zu fördern. Anfangs können die Stangen jedoch auch in einem etwas größeren Abstand gesteckt werden. Dazu nimmt man den Hund bei Fuß und lockt ihn mit einem Leckerchen oder, wenn der Hund zu sehr aufs Fressen fixiert ist, mit der Hand langsam schlangenförmig durch die Stangen. Man kann den Hund auch mal im Kreis um eine einzelne Stange herum lotsen, um die Biegung weiter zu fördern. Meist stellt man fest, dass der Hund eine „Schokoladenseite“ hat: Zu einer Seite biegt er sich gern und problemlos, bei der anderen Seite ist er eher unwillig und macht einen weiteren Bogen, biegt sich also nicht so stark oder bleibt sogar stehen. Gerade die „unbeliebte“ Seite hat dann die Biegungen bitter nötig.

Langsames Slalomlaufen fördert die Seitwärtsbewegung der Wirbelsäule, die Gewichtsverlagerung, die Koordination und die gleichmäßige Gliedmaßenbelastung und ist eine gute Vorbereitung auf scharfe Biegungen und Wendungen, wie sie Hunde beim Spielen und Rennen gern ausführen.

Zu Beginn sollte man den Hund um vier bis sechs Stangen gehen lassen bei zwei Wiederholungen und kann dann auf bis zu zwölf Stangen bei drei Wiederholungen steigern. Hat man nur wenige Stangen zur Verfügung, kann man die Anzahl der Wiederholungen steigern. Eine Gesamtzahl von 35 bis 40 Stangen sollte pro Trainingseinheit nicht überschritten werden.

Apportieren

Das Apportieren von leichten und mittelschweren Gewichten ist eine gute Übung für den Muskelaufbau des Rückens und kann besonders bei Hunden zur Anwendung kommen, die den Rücken aufgrund ihrer Erkrankung aufwölben.

Voraussetzung für das therapeutische Apportieren ist, dass der Hund schon sicher und freudig apportiert. Das Apportieren ist für viele Hundebesitzer und ihre Vierbeiner häufig eine echte „Angstübung" und gelingt nicht. Das liegt auch daran, dass das Training leider oft mit Zwang oder unangenehmen Einwirkungen auf den Hund verbunden ist. Das muss aber nicht sein: Jeder Hund kann mit systematischem und durchdachtem Training das Aufnehmen, Tragen und Bringen von Gegenständen auf nette Art lernen und zu einem begeisterten Apportierer werden. Um seinem Hund zunächst das Apportieren beizubringen, sollte man sich Hilfestellung in einem Seminar oder bei einer Hundeschule suchen oder sich in der vorhandenen Fachliteratur einlesen.

Zur Kräftigung der Rückenmuskulatur gibt man dem sitzenden oder stehenden Hund ein Bringsel in den Fang und lässt es ihn zunächst bei gleich bleibender Körperposition halten. Als nächsten Schritt kann man das Bringsel auch als Training in einer ruhigen Gangart tragen lassen. Man gibt dem Hund dazu das Bringsel in den Fang, geht los und lässt ihn das Bringsel einige Sekunden bis Minuten tragen, bevor man es wieder abnimmt und lobt.

Das Gewicht ist natürlich abhängig von der Größe des Hundes: Bei einem kleinen Hund (bis 15 Kilogramm) beginnt man mit 50 Gramm und steigert dann schrittweise auf 200 bis 400 Gramm. Bei einem größeren Hund startet man mit 200 Gramm und steigert auf 500 Gramm. Da wir davon ausgehen, dass es sich hier um

Hunde mit Rückenproblemen handelt, sollte ein nicht zu hohes Gewicht verwendet werden, sondern eher die Dauer des Tragens erhöht werden. Das kurzfristige Tragen von hohen Gewichten führt leicht zu einer Verkürzung und Verspannung der Rückenmuskulatur, die im Zweifelsfall die Schmerzsymptomatik wieder aufleben lässt. Besser ist eine mittlere Gewichtsklasse mit Verlängerung der Tragedauer.

Man beginnt mit einer Tragedauer von zehn bis 15 Sekunden (die Tragedauer hängt natürlich auch vom Ausbildungsstand des Hundes ab) und steigert auf mehrere Minuten (höchstens drei bis fünf Minuten) bei drei bis fünf Wiederholungen, die während des Spaziergangs eingebaut werden können. Bitte daran denken, dass der Hund beim Spazierengehen auch noch etwas anderes tun darf als nur Gewichte schleppen, sonst verlieren er und Sie rasch die Lust an der Übung.

Das Festhalten des Bringsels im Fang kräftigt die Rückenmuskulatur.

Zu Beginn des Bauchmuskeltrainings muss der Hund zunächst in die Seitenlage gehen.

Bauchmuskeltraining

Wie auch bei uns Menschen wird die Bauchmuskulatur beim Hund häufig vernachlässigt. Dabei hat diese Muskulatur wichtige Aufgaben bei der Bewegung des Hundes und beim Stabilisieren der Wirbelsäule zu erfüllen. Gerade bei „Rückenhunden" ist die Bauchmuskulatur entweder schwach oder verkürzt, sodass ein Ausgleichstraining unbedingt sinnvoll ist.

Zuerst bringen Sie Ihren Hund dazu, sich auf die Seite zu legen. Wenn er das nicht gern tut, haben wir im Massageteil beschrieben, wie Sie Ihren Hund leicht in die Seitenlage positionieren können. Drücken Sie den Kopf des Hundes sanft nach unten, sodass er auf dem Boden (eventuell auf einer Decke oder Ähnlichem) aufliegt. Jetzt ist der Hund in der Grundstellung.

Hebt der Hund Kopf und Rumpf seitlich hoch, wird die Bauchmuskulatur angespannt.

Sie sitzen am Bauch Ihres Hundes. Nehmen Sie ein Leckerchen, halten dieses dicht an die Nase Ihres Hundes und ziehen es jetzt langsam in Richtung Hinterteil. Ihr Hund folgt dem Leckerchen und hebt Kopf und Rumpf seitlich hoch, wobei er die Bauchmuskeln anspannt. Halten Sie den Hund dort einen kleinen Moment, führen Sie ihn nun mit dem Leckerchen wieder zurück in die Grundstellung, warten Sie einen Augenblick, bis sich der Hund etwas entspannt hat, und geben ihm das Leckerchen.

Diese Übung arbeiten Sie auf beiden Seiten, also Rechtsseitenlage und Linksseitenlage, gleich. Sie werden feststellen, dass Ihr Hund auch hier eine „Schokoladenseite" hat, auf der ihm diese Übung leichter fällt. Fangen Sie mit der schlechteren Seite an.

Sie beginnen mit ein bis drei Wiederholungen pro Seite und arbeiten sich langsam auf zehn bis 20 Wiederholungen pro Seite hoch.

Schritttraining

Eine detaillierte Beschreibung des allgemeinen Schritttrainings finden Sie im Kapitel „Behandlungsmöglichkeiten und Übungen für die Vorderhand". Aufbau und Ablauf sind auch bei Erkrankungen des Rückens identisch.

Schritttraining auf wechselndem Untergrund

Eine detaillierte Beschreibung des Schritttrainings auf wechselndem Untergrund finden Sie im Kapitel „Behandlungsmöglichkeiten und Übungen für die Vorderhand". Aufbau und Ablauf sind auch bei Erkrankungen des Rückens identisch.

Schritttraining am Hügel oder diagonal

Um den Rücken und den übrigen Rumpf zu kräftigen, wird der Hund am Hang bergauf und bergab geführt. Man kann den Hund im Zickzack oder schräg hinunter und herauf führen. Am besten kombinieren Sie alle Richtungen miteinander. Bergab verlagert sich mehr Gewicht auf die Vorderhand des Hundes, bergauf wird die Hinterhand stärker belastet und diagonales Gehen am Hang fordert die Rumpfmuskulatur. Die Wendungen beim Zickzack-Gehen fordern eine Gewichtsumverteilung, die durch die Rumpfmuskulatur erfolgt.

Hügeltraining ist anstrengend und anspruchsvoll (wie Sie selbst merken werden), sodass dieses Training erst begonnen werden darf, wenn das normale Schritttraining gut und reibungslos klappt und der Hund schon einen gewissen Trainingsstand erreicht hat. Im Zweifelsfall sollten Sie sich mit Ihrem Tierarzt besprechen oder Ihren Hundephysiotherapeuten fragen, ob diese Übung für Ihren Hund sinnvoll ist.

Auch hier müssen Sie den Hund an der Leine führen, da er sonst wahrscheinlich Galoppsprünge machen wird, um schneller und mit weniger Anstrengung den Berg hinauf oder herunter zu kommen und außerdem in den Wendungen beim Zickzack ausweicht. Auch hier beginnen Sie zunächst mit einer Minute und steigern nach Plan.

Das Schritttraining an Steigungen kann nicht nur derjenige durchführen, der im Gebirge wohnt, sondern eigentlich jeder. Als Steigung eignen sich Deiche (sofern diese betreten werden dürfen), Uferböschungen, aber auch Rampen und längere Treppen sowie natürlich sanftere Steigungen, die man auf Spaziergängen findet. Diese Übung lässt sich hervorragend in einen Spaziergang integrieren.

Bei den Behandlungsplänen für die verschiedenen Erkrankungen erfolgt das Schritttraining in zwei Varianten, wie sie in den folgenden Tabellen beschrieben werden.

Das Schritttraining am Hügel sollte erst beginnen, wenn der Hund einen gewissen Trainingsstand erreicht hat.

Schritttraining 1

Woche	Dauer der Schrittphasen	Untergrund	Anzahl während des Spaziergangs
1. Woche	1 Minute	eben (Asphalt, Straße, Feldweg)	5 bis 6
2. Woche	2 Minuten	eben (Asphalt, Straße, Feldweg)	4
3. Woche	3 Minuten	eben (Asphalt, Straße, Feldweg)	4
4. Woche	5 Minuten	eben (Asphalt, Straße, Feldweg)	4, verteilt auf zwei Spaziergänge

Schritttraining 2

Woche	Dauer der Schrittphasen	Untergrund	Anzahl während des Spaziergangs (darf auf mehrere Spaziergänge verteilt werden)
1. Woche	1 Minute	abwechselnd eben, weich, tief, sandig	5 bis 6
2. Woche	3 Minuten	abwechselnd eben, weich, tief, sandig	4
3. Woche	5 Minuten	abwechselnd eben, weich, uneben (Stoppelfeld, Schotterwege, Asphalt)	3
4. Woche	5 Minuten	abwechselnd eben, weich, uneben (Stoppelfeld, Schotterwege, Asphalt)	4

Trabtraining

Eine detaillierte Beschreibung finden Sie im Kapitel „Behandlungsmöglichkeiten und Übungen für die Vorderhand“. Aufbau und Ablauf sind auch bei Erkrankungen des Rückens identisch.

Cavaletti-Arbeit

Eine detaillierte Beschreibung finden Sie im Kapitel „Behandlungsmöglichkeiten und Übungen für die Vorderhand“. Aufbau und Ablauf sind auch bei Erkrankungen des Rückens identisch.

Rückenerkrankungen und ihre Behandlungspläne

Im Folgenden werden einzelne Erkrankungen des Rückens und dafür empfohlene Behandlungspläne beschrieben. Die Vorschläge orientieren sich jeweils an dem typischen Krankheitsverlauf und müssen gegebenenfalls an Ihren Hund angepasst werden (zum Beispiel durch Ihren Tierarzt oder Physiotherapeuten). Die Ausführung der einzelnen Übungen wurde bereits ausführlich beschrieben.

Spondylose

➲ Diagnose

Spondylose

➲ Ursache

Degenerative Erkrankung der Wirbelsäule durch dauernde oder übermäßige Kompression, Zug-, Rotations- oder Scherbewegung auf den Stütz- und Bandapparat der Wirbelsäule

➲ Symptome

Schmerzen mit Bewegungsunlust, Steifheit, Aufwölben der Wirbelsäule, Verspannung der Rückenmuskulatur, Beschwerden beim Aufstehen nach längerer Ruhe, Niederlegen, Treppensteigen und Beinheben

➲ Folgen

Zunehmende Versteifung der Wirbelsäule im Verlauf

➲ Behandlungsmöglichkeiten

Zurzeit gibt es keine Heilung; physiotherapeutische Maßnahmen zur Entlastung der Wirbelsäule; Schmerzbehandlung, Muskelkräftigung

Behandlungsplan bei akuten Beschwerden

Zeitraum	Maßnahmen	Häufigkeit der Maßnahmen
1. bis 7. Tag	Schritttraining 1	täglich
	Massage	täglich
	Pfoten anheben	täglich alle vier Pfoten 5 Sekunden bei 3 Wiederholungen pro Seite
	Gewichtsverlagerung diagonal	täglich 3 Sekunden bei 3 Wiederholungen pro Seite
	Gewichtsverlagerung vorn – hinten	täglich 2- bis 3-mal; auf langsame Ausführung achten

Zeitraum	Maßnahmen	Häufigkeit der Maßnahmen
8. bis 14. Tag	Schritttraining 1	täglich
	Massage	täglich
	Pfoten anheben	täglich alle vier Pfoten 10 Sekunden bei 3 Wiederholungen pro Seite
	Gewichtsverlagerung diagonal	täglich 5 Sekunden bei 3 Wiederholungen pro Seite
	Gewichtsverlagerung vorn – hinten	täglich 2- bis 3-mal; auf langsame Ausführung achten
15. bis 28. Tag	Schritttraining 1	täglich
	Massage	täglich
	Pfoten anheben	täglich alle vier Pfoten 20 Sekunden bei 3 Wiederholungen pro Seite
	Gewichtsverlagerung diagonal	täglich 10 Sekunden bei 3 Wiederholungen pro Seite
	Gewichtsverlagerung vorn – hinten	täglich 3- bis 4-mal; auf langsame Ausführung achten
29. bis 42. Tag	Schritttraining 2	täglich
	Massage	alle 2 bis 3 Tage
	Pfoten anheben	täglich alle vier Pfoten 20 Sekunden bei 5 Wiederholungen pro Seite
	Gewichtsverlagerung diagonal	täglich 10 Sekunden bei 3 Wiederholungen pro Seite
	Gewichtsverlagerung vorn – hinten	täglich 3- bis 4-mal; auf langsame Ausführung achten
	Biegen HWS/BWS/LWS seitlich (Rumpfbeuge)	täglich, beginnend mit 2 bis 3 Sekunden bei 3 Wiederholungen pro Körperseite; besonders auf langsame Ausführung achten, keine ruckartigen Bewegungen
	Biegen HWS seitlich	täglich 3 Wiederholungen pro Körperseite; besonders auf langsame Ausführung achten, keine ruckartigen Bewegungen

Behandlungsplan bei chronischen Beschwerden anschließend an das Programm für akute Beschwerden

Zeitraum	Maßnahmen	Häufigkeit der Maßnahmen
nach Programm für akute Beschwerden	Schritttraining 2	alle 2 bis 3 Tage
	Trabtraining	alle 2 bis 3 Tage im Wechsel mit Schritttraining
	Massage und Rotlicht	alle 2 bis 3 Tage, eventuell im Wechsel
	Platz/Steh	täglich, 3- bis 5-mal morgens, mittags, abends
	Isometrie diagonal	alle 2 Tage 10 Sekunden bei 3 Wiederholungen pro Seite
	Gewichtsverlagerung vorn – hinten	alle 2 Tage 3- bis 4-mal
	Apportieren	zunächst etwa 5-mal pro Woche: im Stand 5 bis 10 Sekunden bei 4 bis 6 Wiederholungen mit einem körpergewichtsadaptierten Bringsel
	Biegen HWS/BWS/LWS seitlich (Rumpfbeuge)	täglich 3 Wiederholungen pro Körperseite; besonders auf langsame Ausführung achten, keine ruckartigen Bewegungen
	Biegen HWS seitlich	täglich 3 Wiederholungen pro Körperseite; besonders auf langsame Ausführung achten, keine ruckartigen Bewegungen

Bandscheibenvorfall

➲ Diagnose

Erkrankungen der Bandscheiben; „Dackellähme“

➲ Ursache

Als Folge von degenerativen Veränderungen der Bandscheiben, gehäuft bei chondrodystrophen Rassen Vorfall von Bandscheibenmaterial in den Wirbelkanal und Kompression von Nervenwurzeln oder Rückenmark

➲ Symptome

Schmerz mit aufgekrümmtem Rücken, Bewegungsunlust, Schmerzäußerung, Bewegungsstörungen durch Lähmungen, Blasenlähmung mit Harnverhalten oder Inkontinenz, Darmlähmung möglich

➲ Folgen

Häufig Rezidive (Rückfälle) in anderen „Etagen“; Rückgang der Symptome in Abhängigkeit von der Schnelle des tierärztlichen Eingreifens; komplette oder inkomplette Lähmungs- und Schmerzsyndrome möglich

➲ Behandlungsmöglichkeiten

Konservativ: In Absprache mit dem Tierarzt Schmerztherapie; konsequente Ruhe (Zwinger- oder Boxenruhe); im Verlauf physiotherapeutische Maßnahmen zur Lockerung und zum Wiederaufbau der Muskulatur; Überwinden von Lähmungen und Anbahnung sowie Einüben eines physiologischen Gangbildes

Behandlungsplan bei akuten Beschwerden

Zeitraum	Maßnahmen	Häufigkeit der Maßnahmen
1. bis 7. Tag	Schritttraining 1	täglich
	Massage	täglich
	Pfoten anheben	täglich alle vier Pfoten 5 Sekunden bei 3 Wiederholungen pro Seite
	Isometrie diagonal	täglich 3 Sekunden bei 3 Wiederholungen pro Seite
	Cavaletti-Arbeit	täglich, 6 Stangen bei 1 Wiederholung, Stangen auf Höhe des Karpalgelenks
	Sitz/Steh	täglich, 1-mal morgens, mittags, abends
	Platz/Steh	täglich, 1-mal morgens, mittags, abends
	Slalomlaufen	täglich, 6 Stangen bei 1 Wiederholung
	Bauchmuskeltraining	täglich, 3 Wiederholungen pro Seite
8. bis 14. Tag	Schritttraining 1	täglich
	Massage	täglich
	Pfoten anheben	täglich alle vier Pfoten 10 Sekunden bei 3 Wiederholungen pro Seite
	Isometrie diagonal	täglich 5 Sekunden bei 3 Wiederholungen pro Seite
	Cavaletti- Arbeit	täglich, 6 Stangen bei 2 Wiederholungen

Zeitraum	Maßnahmen	Häufigkeit der Maßnahmen
	Sitz/Steh	täglich, 2-mal morgens, mittags, abends
	Platz/Steh	täglich, 2-mal morgens, mittags, abends
	Slalomlaufen	täglich, 6 Stangen bei 2 Wiederholungen
	Bauchmuskeltraining	täglich, 5 Wiederholungen pro Seite
15. bis 28. Tag	Schritttraining 1	täglich
	Massage	täglich
	Pfoten anheben	täglich alle vier Pfoten 20 Sekunden bei 3 Wiederholungen pro Seite
	Isometrie diagonal	täglich 10 Sekunden bei 3 Wiederholungen pro Seite
	Cavaletti-Arbeit	täglich, 6 Stangen bei 3 Wiederholungen
	Sitz/Steh	täglich, 4-mal morgens, mittags, abends
	Platz/Steh	täglich, 4-mal morgens, mittags, abends
	Slalomlaufen	täglich, 6 Stangen bei 3 Wiederholungen
	Bauchmuskeltraining	täglich, 7 Wiederholungen pro Seite
29. bis 42. Tag	Schritttraining 2	täglich
	Massage	alle 2 bis 3 Tage
	Isometrie diagonal	täglich 10 Sekunden bei 3 Wiederholungen pro Seite
	Cavaletti-Arbeit	täglich, 6 Stangen bei 4 Wiederholungen
	Sitz/Steh	täglich, 6-mal morgens, mittags, abends
	Platz/Steh	täglich, 6-mal morgens, mittags, abends
	Slalomlaufen	täglich, 6 Stangen bei 4 Wiederholungen
	Bauchmuskeltraining	täglich, 10 Wiederholungen pro Seite
	Wackelbrett	täglich zur Förderung der Koordination
	Biegen HWS/BWS/LWS seitlich (Rumpfbeuge)	täglich 3 Wiederholungen pro Körperseite; besonders auf langsame Ausführung achten, keine ruckartigen Bewegungen
	Biegen HWS seitlich	täglich 3 Wiederholungen pro Körperseite; besonders auf langsame Ausführung achten, keine ruckartigen Bewegungen

Behandlungsplan bei chronischen Beschwerden anschließend an das Programm für akute Beschwerden

Zeitraum	Maßnahmen	Häufigkeit der Maßnahmen
nach Programm für akute Beschwerden	Schritttraining 2	alle 3 bis 4 Tage
	Trabtraining	alle 2 bis 3 Tage im Wechsel mit Schritttraining
	Massage und Rotlicht	alle 2 bis 3 Tage, eventuell im Wechsel
	Isometrie diagonal	alle 2 Tage 10 Sekunden bei 3 Wiederholungen pro Seite
	Gewichtsverlagerung vorn – hinten	alle 2 Tage 3- bis 4-mal
	Biegen HWS/BWS/LWS seitlich (Rumpfbeuge)	täglich 3 Wiederholungen pro Körperseite; besonders auf langsame Ausführung achten, keine ruckartigen Bewegungen
	Biegen HWS seitlich	täglich 3 Wiederholungen pro Körperseite; besonders auf langsame Ausführung achten, keine ruckartigen Bewegungen

Cauda equina – Kompressionssyndrom

➲ Diagnose

Cauda equina-Syndrom

➲ Ursache

Angeborene, entwicklungsbedingte, traumatische, oder degenerative Veränderungen mit einengender Komponente im Wirbelkanal möglich

➲ Symptome

Oft unerkannte Schmerzsyndrome mit schleichenden Verhaltensänderungen, Harn- und Stuhlinkontinenz, Mühe beim Aufstehen, Verweigerungen beim Springen, Zehenschleifen, Überempfindlichkeit der Lendenregion zum Beispiel beim Bürsten, intermittierende Lahmheit bei Lähmungen

➲ Folgen

Es kann zur kompletten Lähmung der Hinterläufe, der Harnblase und des Darms mit entsprechenden Komplikationen kommen, sodass der Hund weder aufstehen noch gehen oder laufen kann

➲ Behandlungsmöglichkeiten

Konservativ: In Absprache mit dem Tierarzt können Schmerzmittel und Steroide gegeben werden; physiotherapeutische Maßnahmen, um die Beweglichkeit der Hinterläufe zu erhalten
Operativ: Operative Entlastung des Wirbelkanals, Technik abhängig vom Befund

Behandlungsplan

Zeitraum	Maßnahmen	Häufigkeit der Maßnahmen
1. bis 7. Tag	Schritttraining 1	täglich
	Massage	täglich
	Pfoten anheben	täglich alle vier Pfoten 5 Sekunden bei 3 Wiederholungen pro Seite
	Isometrie diagonal	täglich 3 Sekunden bei 3 Wiederholungen pro Seite
	Cavaletti-Arbeit	täglich, 6 Stangen bei 1 Wiederholung
	Kniebeuge	täglich, 1-mal morgens, mittags, abends
	Slalomlaufen	täglich, 6 Stangen bei 1 Wiederholung
	Bauchmuskeltraining	täglich, 3 Wiederholungen pro Seite
8. bis 14. Tag	Schritttraining 1	täglich
	Massage	täglich
	Pfoten anheben	täglich alle vier Pfoten 10 Sekunden bei 3 Wiederholungen pro Seite
	Isometrie diagonal	täglich 5 Sekunden bei 3 Wiederholungen pro Seite
	Cavaletti-Arbeit	täglich, 6 Stangen bei 2 Wiederholungen
	Sitz/Steh	täglich, 1-mal morgens, mittags, abends
	Slalomlaufen	täglich, 6 Stangen bei 2 Wiederholungen
	Bauchmuskeltraining	täglich, 5 Wiederholungen pro Seite

Zeitraum	Maßnahmen	Häufigkeit der Maßnahmen
15. bis 28. Tag	Schritttraining 1	täglich
	Massage	täglich
	Pfoten anheben	täglich alle 4 Pfoten 20 Sekunden bei 3 Wiederholungen pro Seite
	Isometrie diagonal	täglich 10 Sekunden bei 3 Wiederholungen pro Seite
	Cavaletti-Arbeit	täglich, 6 Stangen bei 3 Wiederholungen
	Sitz/Steh	täglich, 3-mal morgens, mittags, abends
	Platz/Steh	täglich, 1-mal morgens, mittags, abends
	Slalomlaufen	täglich, 6 Stangen bei 3 Wiederholungen
	Bauchmuskeltraining	täglich, 7 Wiederholungen pro Seite
29. bis 42. Tag	Schritttraining 2	alle 2 Tage
	Trabtraining	im Wechsel alle 2 Tage
	Massage	alle 2 bis 3 Tage
	Pfoten anheben	täglich alle 4 Pfoten 20 Sekunden bei 5 Wiederholungen pro Seite
	Isometrie diagonal	täglich 10 Sekunden bei 3 Wiederholungen pro Seite
	Cavaletti-Arbeit	täglich, 6 Stangen bei 4 Wiederholungen
	Sitz/Steh	täglich, 5-mal morgens, mittags, abends
	Platz/Steh	täglich, 3-mal morgens, mittags, abends
	Slalomlaufen	täglich, 6 Stangen bei 4 Wiederholungen
	Bauchmuskeltraining	täglich, 10 Wiederholungen pro Seite

Zeitraum	Maßnahmen	Häufigkeit der Maßnahmen
ab der	Trabtraining	alle 2 bis 3 Tage beibehalten
6. Woche	Massage und Rotlicht	bei Bedarf
	Apportieren	zunächst etwa 5-mal pro Woche: im Stand mit 5 bis 10 Sekunden beginnen bei 4 bis 6 Wiederholungen; wöchentlich um 5 bis 10 Sekunden steigern bis auf 30 Sekunden, dann mit dem Tragen während der Bewegung beginnen (zum Beispiel während des Trabtrainings)
	Cavaletti-Arbeit	alle 2 Tage, 6 Stangen bei 4 Wiederholungen
	Sitz/Steh	täglich, 5-mal morgens, abends
	Platz/Steh	täglich, 3-mal morgens, abends
	Slalomlaufen	alle 2 Tage, 6 Stangen bei 4 Wiederholungen; nicht zu enge Bögen laufen lassen
	Bauchmuskeltraining	alle 2 Tage, 10 Wiederholungen pro Seite

Verletzungen des Rückenmarks und Rückenmarksinfarkt

➲ Diagnose

Verletzungen des Rückenmarks

➲ Ursache

Durch Unfälle

➲ Symptome

Abhängig von der Höhe der Verletzung; Bewegungsstörungen und Lähmungen der Vorder- oder/und Hintergliedmaßen, des Rumpfes; Unfähigkeit zu gehen oder zu stehen; Störungen der Blasenfunktion, Störungen der Darmfunktion

➲ Folgen

Je nach Schwere der Verletzung von weitgehender Rückbildung der Symptome bis zur kompletten Rumpf- und Gliedmaßenlähmung alle Zwischenstufen möglich; bei persistierenden Lähmungen Spätfolgen möglich, aufsteigende Harnwegsinfekte bei Blasenlähmung, offene Hautgeschwüre an Schleifstellen und so weiter

➲ Behandlungsmöglichkeiten

Je nach Verletzung operatives Eingreifen erforderlich, die Indikation stellt der behandelnde Tierarzt; physiotherapeutische Maßnahmen, um die Beweglichkeit der Gelenke zu erhalten und den Abbau der Muskulatur sowie Funktionsverluste hinauszuzögern beziehungsweise die Funktion der Muskulatur wieder herzustellen und physiologische Bewegungsmuster anzubahnen

Die Frühphase von Verletzungen des Rückenmarks und bei Rückenmarksinfarkten gehört unbedingt in die Hände eines erfahrenen Therapeuten. Der unten stehende Behandlungsplan ist überhaupt erst anwendbar, wenn der Hund schon wieder selbstständig stehen sowie zumindest einige Schritte laufen kann, und sollte dann zur Rücksprache und Anpassung auf das individuelle Beschwerdebild dem Therapeuten vorgelegt werden.

Behandlungsplan

Zeitraum	Maßnahmen	Häufigkeit der Maßnahmen
1. bis 7. Tag	Schritttraining 1	täglich
	Massage	täglich
	Pfoten anheben	täglich alle vier Pfoten 1 bis 5 Sekunden (so lange der Hund es überhaupt schafft) bei 3 Wiederholungen pro Seite
	Isometrie diagonal	täglich 3 Sekunden bei 3 Wiederholungen pro Seite

Zeitraum	Maßnahmen	Häufigkeit der Maßnahmen
	Sitz/Steh	täglich, 1-mal morgens, mittags, abends
	Platz/Steh	täglich, 1-mal morgens, mittags, abends
8. bis 14. Tag	Schritttraining 1	täglich
	Massage	täglich
	Pfoten anheben	täglich alle vier Pfoten 10 Sekunden bei 3 Wiederholungen pro Seite
	Isometrie diagonal	täglich 5 Sekunden bei 3 Wiederholungen pro Seite
	Cavaletti-Arbeit	täglich, 6 Stangen bei 1 Wiederholung
	Sitz/Steh	täglich, 2-mal morgens, mittags, abends
	Platz/Steh	täglich, 2-mal morgens, mittags, abends
	Slalomlaufen	täglich, 6 Stangen bei 1 Wiederholung
	Bauchmuskeltraining	täglich, 3 Wiederholungen pro Seite
15. bis 28. Tag	Schritttraining 1	täglich
	Massage	täglich
	Pfoten anheben	täglich alle vier Pfoten 20 Sekunden bei 3 Wiederholungen pro Seite
	Isometrie diagonal	täglich 10 Sekunden bei 3 Wiederholungen pro Seite
	Cavaletti-Arbeit	täglich, 6 Stangen bei 2 bis 3 Wiederholungen
	Sitz/Steh	täglich, 4-mal morgens, mittags, abends
	Platz/Steh	täglich, 4-mal morgens, mittags, abends
	Slalomlaufen	täglich, 6 Stangen bei 2 bis 3 Wiederholungen
	Bauchmuskeltraining	täglich, 5 Wiederholungen pro Seite
29. bis 42. Tag	Schritttraining 2	täglich
	Massage	alle 2 bis 3 Tage

Zeitraum	Maßnahmen	Häufigkeit der Maßnahmen
	Isometrie diagonal	täglich 10 Sekunden bei 3 Wiederholungen pro Seite
	Cavaletti-Arbeit	täglich, 6 Stangen bei 4 Wiederholungen
	Sitz/Steh	täglich, 6-mal morgens, mittags, abends
	Platz/Steh	täglich, 6-mal morgens, mittags, abends
	Slalomlaufen	täglich, 6 Stangen bei 4 Wiederholungen
	Bauchmuskeltraining	täglich, 7 bis 8 Wiederholungen pro Seite
	Wackelbrett	täglich zur Förderung der Koordination

Wobbler-Syndrom

➲ Diagnose

Wobbler-Syndrom; zervikale Spondylopathie

➲ Ursache

Gehäuft bei manchen Rassen (zum Beispiel Dogge, Dobermann), insbesondere bei großen Hunden; zum Teil angeborene Missbildung mit Instabilität der Halswirbelgelenke und daraus folgender Kompression des Rückenmarks

➲ Symptome

Generalisierte Bewegungsstörung (Ataxie) der Gliedmaßen mit Stolpern, Unsicherheit, tollpatschigen Bewegungen, Schmerzen mit eingeschränkter Halsbeweglichkeit, Kopftiefhaltung, Schmerzäußerung bei Manipulation des Halses; Symptome meist progredient fortschreitend)

➲ Folgen

Meist progressive Entwicklung der Symptome; im Frühstadium oder bei nur mäßigen Symptomen operative Therapie

➲ Behandlungsmöglichkeiten

Konservativ: In Absprache mit dem Tierarzt können Schmerzmittel und entzündungshemmende Medikamente gegeben werden; physiotherapeutische Maßnahmen zielen darauf, die Funktion der Gliedmaßen zu erhalten, Schmerz zu lindern und der Ataxie entgegenzuwirken

Operativ: Dekompression des Rückenmarks

Generell sollten alle ruckartigen Bewegungen gemieden werden, auch Dinge, die aus Versehen eine ruckartige Bewegung des Hundes auslösen können (zum Beispiel zu harte, schmerzhafte Massagen). Stretchingübungen, Wendungen und Bögen sollten nur nach Rücksprache mit einem Therapeuten erfolgen und von diesem überwacht werden.

Behandlungsplan

Zeitraum	Maßnahmen	Häufigkeit der Maßnahmen
1. bis 7. Tag	Schritttraining 1	täglich
	Massage	täglich, Rücken- und Nackenmuskulatur; Griffe nur sehr vorsichtig und sanft anwenden
	Pfoten anheben	täglich alle vier Pfoten 5 bis 10 Sekunden (so lange der Hund es überhaupt schafft) bei 3 Wiederholungen pro Seite
	Isometrie diagonal	täglich 3 Sekunden bei 3 Wiederholungen pro Seite
8. bis 14. Tag	Schritttraining 1	täglich
	Massage	täglich
	Pfoten anheben	täglich alle vier Pfoten 10 bis 15 Sekunden bei 3 Wiederholungen pro Seite
	Isometrie diagonal	täglich 5 Sekunden bei 3 Wiederholungen pro Seite
	Cavaletti-Arbeit	täglich, 6 Stangen bei 1 Wiederholung
	Slalomlaufen	täglich, 6 Stangen bei 1 Wiederholung; nur sehr weite Bögen, sehr langsam, keine ruckartigen Bewegungen
15. bis 28. Tag	Schritttraining 1	täglich
	Massage	täglich
	Pfoten anheben	täglich alle vier Pfoten 20 Sekunden bei 3 Wiederholungen pro Seite
	Isometrie diagonal	täglich 10 Sekunden bei 3 Wiederholungen pro Seite
	Cavaletti-Arbeit	täglich, 6 Stangen bei 2 bis 3 Wiederholungen
	Slalomlaufen	täglich, 6 Stangen bei 2 bis 3 Wiederholungen; weite Bögen beibehalten

Zeitraum	Maßnahmen	Häufigkeit der Maßnahmen
29. bis 42. Tag	Schritttraining 2	täglich
	Massage und/oder Rotlicht	alle 2 bis 3 Tage
	Isometrie diagonal	täglich 10 Sekunden bei 3 Wiederholungen pro Seite
	Cavaletti-Arbeit	täglich, 6 Stangen bei 4 Wiederholungen
	Slalomlaufen	täglich, 6 Stangen bei 4 Wiederholungen; weite Bögen beibehalten

Degenerative Myelopathie

➲ Diagnose

Degenerative Myelopathie

➲ Ursache

Ursache unbekannt, Degeneration der weißen Substanz des Rückenmarks, besonders im Brustmark.

Ältere Hunde größerer Rassen betroffen (Hunde über 7 Jahre)

➲ Symptome

Bewegungsstörungen der Hinterhand mit Ataxie, Lähmungen, Zehenschleifen, Blasenstörungen

➲ Folgen

Langsam progressiver Verlauf

➲ Behandlungsmöglichkeiten

Physiotherapeutische Maßnahmen, um die Beweglichkeit der Gelenke zu erhalten und den Abbau der Muskulatur und Funktionsverluste hinauszuzögern

Behandlungsplan

Zeitraum	Maßnahmen	Häufigkeit der Maßnahmen
1. bis 7. Tag	Schritttraining 1	täglich
	Massage	täglich in den kompensatorisch überlasteten Muskelarealen
	Pfoten anheben	täglich alle vier Pfoten 5 bis 15 Sekunden (so lange wie der Hund es überhaupt schafft) bei 3 Wiederholungen pro Seite
8. bis 14. Tag	Schritttraining 1	täglich
	Massage	täglich
	Pfoten anheben	täglich alle vier Pfoten 10 bis 20 Sekunden bei 3 Wiederholungen pro Seite
	Rückwärtsgehen	täglich
	Cavaletti-Arbeit	täglich, 6 Stangen bei 1 Wiederholung
	Slalomlaufen	täglich, 6 Stangen bei 1 Wiederholung
	Wackelbrett	täglich zur Förderung der Koordination
15. bis 28. Tag	Schritttraining 1	täglich
	Massage	täglich
	Pfoten anheben	täglich alle vier Pfoten 20 Sekunden bei 3 Wiederholungen pro Seite
	Rückwärtsgehen	täglich
	Cavaletti-Arbeit	täglich, 6 Stangen bei 2 bis 3 Wiederholungen
	Slalomlaufen	täglich, 6 Stangen bei 2 bis 3 Wiederholungen in sehr weiten Bögen

Zeitraum	Maßnahmen	Häufigkeit der Maßnahmen
29. bis 42. Tag	Schritttraining 2	täglich
	Massage und/oder Rotlicht	alle 2 bis 3 Tage
	Rückwärtsgehen	täglich
	Cavaletti-Arbeit	täglich, 6 Stangen bei 4 Wiederholungen; Stangen unterschiedlich hoch legen
	Slalomlaufen	täglich, 6 Stangen bei 4 Wiederholungen in sehr weiten Bögen
	Sitz/Steh	täglich, 2-mal morgens, mittags, abends; steigern auf 4-mal pro Wiederholung
	Platz/Steh	täglich, 2-mal morgens, mittags, abends; steigern auf 4-mal pro Wiederholung

Literaturhinweise

Hunde richtig massieren
Akupressur, Reflexzonen-Massage, TTouch und mehr
von Brunhilde Mühlbauer
Cadmos, 2001

Kleintierkrankheiten Band 3
Orthopädische Chirugie und Traumatologie
von Klaus H. Bomnath, Wolf D. Prieur
Ullmer, 1998

Physiotherapie für Hunde
von Kerstin Hasse-Schwenkler
Kynos, 2003

Vom Körperbau des Hundes
von Eric H. W. Aldington, Friederun Stockmann
Gollwitzer, 1985

Canine Rehabilitation and Physical Therapy
D. Millis, D. Levine, R. A. Taylor
Saunders, 2004

Lahmheitsdiagnostik beim Hund
L. Brunnberg
Parey, 1999